T0402290

Rosa Porcel

Plantas que nos ayudan

Rosa Porcel

Plantas que nos ayudan

La ciencia detrás del conocimiento ancestral de las plantas medicinales

Obra editada en colaboración con Editorial Planeta – España

Composición: Realización Planeta

Bajo el sello editorial PLANETA M.R.
Avenida Presidente Masarik núm. 111,
Piso 2, Polanco V Sección, Miguel Hidalgo
C.P. 11560, Ciudad de México
www.planetadelibros.com.mx

Primera edición impresa en España: noviembre de 2024
ISBN: 978-84-233-6643-9

Primera edición en formato epub: marzo de 2025
ISBN: 978-607-39-2596-9

Primera edición impresa en México: marzo de 2025
ISBN: 978-607-39-2481-8

Impreso en los talleres de Operadora Quitresa, S.A. de C.V.
Goma 167, Colonia Granjas México, Iztacalco
Ciudad de México C.P. 08400
Impreso en México - *Printed in Mexico*

Para mi madre, la primera persona que
me enseñó que los besos y las caricias curan.

Para Fran, mi medicina más natural.

Muchas son las lecciones que se pueden extraer del estudio de las plantas, si se procura el verdadero espíritu de la sabiduría.

John Hutton Balfour (1808-1884),
médico y botánico escocés

ÍNDICE

INTRODUCCIÓN

DE PLANTAS Y PERSONAS

Como profesora del Grado de Biotecnología e investigadora en biología molecular de plantas, no acepto demasiado bien que la mayoría de mis alumnos, cuando llega la hora de escoger especialidad, se decanten mayoritariamente por la biotecnología roja, la que tiene que ver con la biomedicina y la investigación humana y animal. La especialidad en biotecnología verde (la que investiga las plantas) queda destinada a una «muy selecta» minoría, que, por cierto, suele tener muy pocos problemas en el mercado laboral. Prueba de ello fue que cuando atravesamos la pandemia por COVID-19 muchas empresas no pudieron hacer frente a la situación y tuvieron que cerrar y, sin embargo, el sector de la agricultura y de la alimentación pudo superar el reto. España es una potencia en la industria agroalimentaria y la demanda de biotecnólogos especializados en ese campo no ha hecho más que aumentar en los últimos años. Los que eligen la biotecnología roja encontrarán trabajo, pero también bastante más competencia. Muchos de los que estudian Biomedicina tienen el loable propósito de encontrar la cura para el cáncer y el alzhéimer. Nada que objetar, todo lo contrario. Ojalá estemos cerca. Pero me gusta recordarles que hay más gente que se muere de hambre que de cáncer, por lo que realizar una aportación en biotecnología verde, como aumentar la productividad de un cultivo en condiciones de sequía, puede salvar muchas más vidas. No olvides que una dieta saludable debe contener mayoritariamente verduras, hortalizas, frutas, legumbres y cereales, y todo eso ¡son plantas! No solo es cuestión de ser idealista, es que estudiar las plantas es maravilloso, incluso para los que tienen la vocación de curar personas.

Estudiar plantas puede tener muchos aspectos: podemos describirlas y clasificarlas, como hace un botánico; ver cómo funcionan, como hace un fisiólogo vegetal; tratar de mejorarlas, como hace un biotecnólogo o un mejorador genético; investigar sus genes y proteínas, como hace un biólogo molecular o un bioquímico; ver cómo interaccionan con otros organismos en su hábitat, como hace un ecólogo, o gestionar su cultivo, como hace un ingeniero agrónomo. También se puede estudiar la influencia que tienen las plantas en nuestra cultura, el uso que hemos hecho de ellas a lo largo de la historia, y también su aplicación tradicional o científica como fuente de remedios o medicinas. A veces, inevitablemente se mezclan varias de estas disciplinas, como nos ocurre a nosotros. En nuestro laboratorio del Instituto de Biología Molecular y Celular de Plantas tratamos de desarrollar cultivos que sean tolerantes a la sequía o a suelos salinos, algo no solo útil sino necesario, teniendo en cuenta el escenario de cambio climático que estamos empezando a sufrir, en el que la escasez de agua es cada vez más severa (y tenemos esa costumbre de comer varias veces al día). Este es nuestro objetivo final, pero para conseguirlo utilizamos dos enfoques: en uno de ellos vamos a mejorar la planta, para lo cual es necesario emplear la biología molecular y la bioquímica para conocer sus genes y proteínas (y saber cuál es el que nos interesa) y la biotecnología para «construir» esa planta más resistente. El otro enfoque se basa en buscar y evaluar sustancias naturales que conocemos como bioestimulantes que, al añadir al cultivo, tengan el efecto de hacerlo más tolerante. Y sí, para conseguir esto también tenemos que aplicar nuestros conocimientos en fisiología vegetal, bioquímica y biología molecular.

Dicen que el mejor amigo del hombre es el perro, pero seguramente esos primeros hombres que domesticaron el perro ya comían plantas silvestres, utilizaban fibras vegetales para vestirse o quemaban madera para calentarse. El mejor amigo del hombre siempre ha sido el vegetal. Desde el principio de la humanidad hemos sabido sacarles provecho a las plantas y encontrar sus múltiples aplicaciones. Con la madera de las plantas fabricábamos casas y barcos, además de obtener energía al quemarla. Con el algodón, la linaza o el cáñamo hacíamos tejidos que nos abrigaban, y del azafrán, la reseda o el añil extraíamos tintes para darles colores más vistosos. También producíamos perfumes con la rosa, el nardo o la lavanda, aromas con la canela, el clavo o la pimienta, y también fármacos. Tantas aplicaciones diferentes se deben a una particularidad de la biología de las plantas. Un animal tiene un sistema nervioso que integra todas las señales, toma decisiones y emite órdenes basadas en esas decisiones, y luego un sistema muscular que se encarga de cumplirlas. Así, si hace calor, el cerebro lo nota y mueve el cuerpo para que busque sombra. Si los riñones perciben que ha subido la concentración de sales en la sangre, enviarán una señal al cerebro, este la integrará en forma de sed y te dirá que busques agua. Si la cantidad de azúcar en la sangre es muy baja, el cerebro recibirá esa información y te avisará en forma de hambre, y tus músculos se moverán hasta el refrigerador para comer algo. En cambio, una planta no tiene sistema nervioso ni músculos. Está quieta y fijada al suelo. ¿No tiene ni sed ni hambre? Realmente nota que le falta agua, o nutrientes, que en su caso no es azúcar, sino nitrógeno, fosfato o potasio, y además tiene que ser capaz de protegerse de todos los efectos adversos del medioambiente, del ataque de sus predadores y de cumplir con el resto de sus necesidades vitales, como reproducirse. La forma que tiene de protegerse se llama *plasticidad fenotípica*. En general, las plantas tienen muchos más genes que los animales y son capaces de dar respuestas más complejas a los estímulos ambientales, para sobrevivir a un ambiente cambiante estando fijadas al suelo. Más genes quiere decir más proteínas, y, entre ellas, más enzimas, que son las que catalizan reacciones químicas. Eso significa que las plantas, en su mayoría, acumulan muchas más moléculas químicas diferentes que un animal. Todas estas moléculas tienen una función dentro de la biología de la planta, normalmente para defenderse de un insecto o de la radiación ultravioleta, para comunicarse con otras plantas o para ponerse «lindas» y atraer polinizadores envolviéndose de los colores y aromas más seductores. Como ves, el cerebro está sobrevalorado. Se puede cambiar por un aumento en el número de genes y unas cuantas rutas bioquímicas más. Habiendo tantas moléculas químicas y tan diferentes en los vegetales, era cuestión de probabilidad que algunas tuvieran un efecto en nuestra biología, además de en la de la planta. Y esto no lo hemos aprendido hace poco.

Desde el inicio de la humanidad hemos sabido que había plantas que tenían algunas propiedades que hacían que nuestra salud mejorara, que ayudaban a que una herida no se infectara o que calmaban el dolor. Los prehistoriadores han encontrado restos en algunos yacimientos que sugieren un uso ritual o medicinal de algunas plantas, más que un uso alimentario. La etnobotánica es la disciplina científica que estudia la relación entre los hombres y las plantas en las sociedades humanas y tiene una subdisciplina llamada *etnofarmacología*, que hace referencia al estudio de las plantas (además de animales y minerales) usadas con fines medicinales. Todas las culturas de todos los lugares del mundo han estudiado las plantas de su entorno, y gracias a su paciencia y observación hemos descubierto fármacos y medicinas que estamos utilizando en la actualidad. El curare que utilizaban los indios del Amazonas se ha empleado en muchos quirófanos del mundo, y la corteza y las hojas de sauce ya se mencionaban en algunos papiros egipcios como calmantes para el dolor.

Cuando hemos investigado con técnicas modernas los fármacos que utilizaban las poblaciones tradicionales, hemos descubierto que en muchos casos en esas plantas había alguna molécula o principio activo que realmente tenía una actividad biológica. En otras ocasiones, su uso se basaba en la superstición y realmente no había ningún resultado medible, incluso a veces se ha visto que había un efecto, pero que era tóxico. La farmacognosia es la forma moderna de estudiar todos estos remedios naturales, tratando de encontrar el principio activo que explique su acción. Últimamente se habla mucho de salud natural y de fitoterapia. Aquí hay que ir con mucho cuidado, porque es verdad que hay plantas que tienen principios activos que han demostrado ser eficaces... otras no, pero cuando existe un problema médico, es importante tener una dosis concreta del principio activo de una forma determinada. La fitoterapia es una disciplina médica, pero nunca sería aconsejable para una dolencia grave. Las plantas sintetizan diferentes moléculas cuando las necesitan, y la cantidad que tienen de cada una puede cambiar en función, por ejemplo, de que la planta sea más joven o más vieja o de que le haya dado más el sol o menos. Cuando consumes una planta con fines medicinales no sabes cuánta cantidad del principio activo te estás tomando, o si tiene otros componentes que pueden tener efectos sinérgicos (que lo potencien) o antagónicos (que lo inhiban) respecto a la molécula que te interesa. Recuerda que una planta es como una fábrica de moléculas que no discrimina: sintetiza algunas beneficiosas, pero también podría contener otras que podrían matarte.

Por lo tanto, estudiar el uso tradicional de una planta, sus propiedades medicinales y encontrar la molécula activa es un viaje fascinante que nos lleva desde la antropología y el estudio de las sociedades más primitivas a la tecnología de última generación, como la espectrometría de masas, que nos permite identificar moléculas individuales de una mezcla compleja. En un viaje por el cuerpo humano veremos que hay diferentes plantas que afectan al cerebro, que nos calman el dolor, que cicatrizan heridas o algunas incluso que sirven para sintetizar medicamentos frente al cáncer. Será un viaje emocionante en el que veremos cómo hemos ido aprendiendo para qué sirve cada planta y, lo que es más importante, para qué no sirve.

Yo estoy lista. ¿Y tú? ¿Me acompañas?

1

LAS DEFENSAS DE LAS PLANTAS

1.1

¿PARA QUÉ FABRICAN LAS PLANTAS MOLÉCULAS QUE CURAN?

En los hábitats naturales, las plantas están continuamente expuestas a todo tipo de enemigos potenciales. No solo tienen que hacer frente a condiciones ambientales desfavorables, como una sequía demasiado larga y severa o una temperatura tan elevada que pone en riesgo su supervivencia, sino que hay una serie de microorganismos y animales herbívoros que acechan sin descanso. En nuestro caso, basta con dar un manotazo para espantar un insecto, beber agua o ponernos en la sombra si hace calor. Pero ellas no pueden gritar ni salir corriendo si un ciervo mordisquea las hojas..., ¿o tal vez sí?

Nos parecemos bastante a una planta. Y fíjate que digo nosotros a ella y no al revés, porque, después de todo, ellas llegaron antes. ¿Sabes cuál es nuestra primera barrera de defensa? Los humanos tenemos toda la superficie del cuerpo cubierta de piel y, donde hay orificios, tenemos mucosas con la propiedad de fijar e inmovilizar muchos microorganismos evitando que penetren. La queratina, una proteína muy rica en azufre, forma una membrana de protección en la piel —como queratina blanda— y está presente en otros órganos (pelo, uñas, etc.) —como queratina dura—. Por eso es tan importante mantener nuestra primera barrera de defensa limpia, sin cortes o magulladuras que facilitarían la entrada de seres indeseados. De forma similar, todas las partes de la planta expuestas a la atmósfera están cubiertas por capas de material lipídico, es decir, grasas, que reducen la pérdida de agua y ayudan a bloquear la entrada de bacterias y hongos patógenos. Los principales constituyentes de estas cubiertas son cutina, suberina y ceras. La cutina se encuentra en la mayoría de las partes aéreas de la planta; la suberina está presente en las partes subterráneas, tallos leñosos y heridas cicatrizadas, y las ceras están asociadas con la cutina y la suberina.

Pero volviendo a la duda del inicio, ¿pueden gritar las plantas para avisarse del peligro? ¡Pues claro que no! La pregunta correcta sería ¿pueden avisarse las plantas del peligro? Sí, sin duda.

Las plantas producen una gran cantidad y diversidad de compuestos orgánicos. Los más importantes, los que están presentes en todas las plantas y participan en rutas bioquímicas esenciales implicadas en el crecimiento, el desarrollo y la reproducción, como la fotosíntesis, respiración, transporte de solutos, síntesis de proteínas, etc., son los llamados *metabolitos primarios*, que forman parte de estos procesos vitales y se encuentran en todo el reino vegetal. Sin embargo, las plantas cuentan con otro metabolismo (no esencial) denominado *metabolismo secundario*, que les permite producir y acumular compuestos de diferente naturaleza química que, si bien no son imprescindibles como los metabolitos primarios, tienen un papel muy importante en la adaptación al estrés ambiental y en la defensa frente a microorganismos patógenos y predadores. Hablamos de los *metabolitos secundarios*, que, como verás a continuación, no solo han sido aprovechados por las propias plantas. A diferencia de los metabolitos primarios, los secundarios no están presentes en cualquier planta. Algunos solo se encuentran en alguna especie concreta, en un género o en una familia de plantas.

Las plantas sintetizan moléculas complejas. Algunas de ellas son útiles para nosotros.

Durante muchos años, el significado adaptativo de muchos metabolitos secundarios era desconocido. Se creía que estos compuestos eran sencillamente productos finales del metabolismo, sin función, o metabolitos de desecho. Fue a finales del siglo XIX y principios del XX cuando se estudiaron con más atención.

¿Cuál pudo ser el origen de los metabolitos secundarios?

De acuerdo con los biólogos evolucionistas, las defensas vegetales deben de haber surgido a través de los fenómenos de mutación hereditaria, selección natural y cambios evolutivos. Las mutaciones al azar en las rutas metabólicas básicas darían lugar a la aparición de nuevos compuestos, que pudieron ser tóxicos o disuasorios para los herbívoros y microbios patógenos. Como estos compuestos no eran tóxicos para la propia planta y el costo metabólico para producirlos no era excesivo, representaron una ventaja reproductiva para las plantas que los tenían frente a aquellas que no contaban con estas defensas. Así, las plantas con defensas generaron una descendencia mayor que las plantas sin ellas y transmitieron estos caracteres a las generaciones siguientes.

El ajuste reproductivo hizo que estos compuestos fueran indeseables como alimento para los humanos. De hecho, muchos cultivos vegetales importantes han sido seleccionados artificialmente para producir niveles mínimos de estos compuestos, lo que ha provocado también que sean más susceptibles a insectos y enfermedades.

Algunos tienen un importante y significativo valor medicinal y económico, derivado este último de su uso en las industrias cosmética, alimentaria y farmacéutica. Un gran número de estos productos naturales ya se utilizaban en la medicina antigua como remedios para combatir enfermedades, y actualmente como medicamentos, resinas, adhesivos, potenciadores de sabor, aromas, colorantes, etcétera.

Fue relativamente hace poco cuando se descubrió que la función biológica de estos productos realmente era proteger a las plantas de la ingestión por herbívoros y de la infección por patógenos microbianos. Además, sirven como atrayentes de polinizadores y dispersores de semillas debido a que muchos son pigmentos que proporcionan color a flores y frutos.

Estamos hablando de un grupo muy numeroso de moléculas y, como puedes ver, con funciones tan importantes como diversas, pero en general dividimos estos metabolitos secundarios en tres clases principales.

Hormonas, pigmentos, aceites y más: los terpenos

El grupo de los terpenos es el más numeroso y cuenta con más de 40 000 moléculas diferentes. A su vez se clasifica en varios grupos, pero en vez de proporcionarte una lista larga de nombres que no te van a servir de nada, te voy a dar algunos ejemplos, porque estoy segura de que los conoces.

Entre los terpenos vamos a encontrar algunas hormonas vegetales como el ácido abscísico, que precisamente está implicado en el estrés. Puede que te sorprenda que hablemos de estrés en plantas, pero debemos hacerlo, porque las plantas también se estresan. En general, cuando tú tienes mucho estrés, vas al psicólogo. Las plantas no. Lo que llamamos estrés para una planta son aquellas circunstancias adversas que sufren y que están impidiendo que alcancen su máximo grado de crecimiento o desarrollo. Para una planta, sufrir estrés es tener mucho calor, frío, poca agua, pocos nutrientes en el suelo o que algún bicho se la coma. Para defenderse de este estrés, muchas plantas desarrollan metabolitos secundarios.

Entre estas moléculas de defensa también hay pigmentos como los carotenoides. Son los responsables del color rojo, anaranjado y amarillo de los frutos y son importantes para nosotros, por ejemplo, para sintetizar vitamina A. Dado que los animales no podemos producir estos pigmentos, debemos adquirirlos en la dieta. Pero no solo son color para las plantas, sino que las protegen del exceso de radiación solar. El licopeno del jitomate sería un ejemplo muy conocido.

Asimismo son terpenos los aceites esenciales, el látex, los esteroles o un grupo muy importante de moléculas llamadas *piretrinas*. Las piretrinas tienen una interesante y potente actividad tóxica para los insectos que ha sido aprovechada para el desarrollo de insecticidas, pero el problema es que solo se obtienen de su fuente natural, que son las flores de plantas del género *Chrysanthemum*. Aunque la actividad insecticida de este extracto de flores ya era conocida en China desde el 1000 a. C., su uso se extendió a partir del siglo XIX cuando se aplicó en la eliminación de piojos. Gracias al avance de la química orgánica, hemos sido capaces de elaborar versiones sintéticas de las piretrinas a las que llamamos *piretroides*, y así dejamos los crisantemos para el cementerio.

Las piretrinas y los piretroides tienen actividad insecticida y se aplican en invernaderos, cosechas, plantas de jardines, ganado, animales domésticos y también directamente a seres humanos, dada su mínima toxicidad en mamíferos. Atacan el sistema nervioso de todos los insectos. Aun cuando no están presentes en cantidades fatales para los insectos, siguen actuando como repelentes. La ventaja que tienen, además de su efectividad, es que, aunque son dañinos para los peces, son mucho menos peligrosos para los mamíferos y pájaros que muchos otros insecticidas sintéticos y no son persistentes, ya que resultan ser biodegradables e incluso fotobiodegradables. Tanto es así que se les considera entre los insecticidas más seguros para usar cerca de la comida.

Moléculas de defensa (sobre todo): los compuestos fenólicos

El segundo gran grupo de metabolitos secundarios lo constituyen los compuestos fenólicos, también llamados *polifenoles* porque la mayoría de ellos contienen más de un grupo fenol por molécula. El fenol es un tipo de alcohol que tiene seis átomos de carbono formando un anillo, a diferencia del etílico (el que encuentras en la farmacia o en las bebidas alcohólicas), que solo tiene dos átomos de carbono. El fenol es muy frecuente en plantas, ya que sirve de esqueleto para formar muchas moléculas diferentes.

No nos vamos a detener en la composición ni estructura química de estas más de 10 000 moléculas, pero quédate con que dentro de este grupo tenemos compuestos importantes con funciones muy diversas. Algunas de estas moléculas sirven para que la planta se pueda defender frente a una lesión o de posibles ataques fúngicos o bacterianos. Es el caso del resveratrol, sí, ese famoso compuesto de la piel de las uvas o las zarzamoras que hace unos años pasó a venderse en todas las parafarmacias como el perfecto antioxidante (*spoiler*: era tan insoluble que apenas se absorbía, por lo que no hacía nada).

Otras moléculas de este grupo aportan pigmentación a muchas partes de la planta y, como antioxidantes, también las protegen frente al estrés. Por ejemplo, en este grupo encontramos los antocianos, pigmentos responsables del color rojo, rosa, azul o púrpura que dan color a las pieles de frutas y hortalizas como los arándanos, las uvas, las granadas o las berenjenas.

Los taninos, otro grupo de compuestos fenólicos, fueron descubiertos por su propiedad de combinarse con proteínas de la piel animal para evitar su putrefacción y convertirla en cuero, lo que nosotros conocemos como *curtido*, *tanning* en inglés. Están distribuidos por todo el reino vegetal, aunque no aparecen en todas las especies. Los taninos se unen al colágeno de las pieles animales y aumentan su resistencia al calor, el agua y los microbios. Pero, además, si te los comes tienen otro efecto. Seguramente los relacionas con el vino, el té, el caqui o el membrillo. El amargor y la astringencia (esa sensación inconfundible de tener la lengua áspera) son producidos por estos compuestos. Muchos enólogos aprecian esta cualidad en el vino, pero realmente son moléculas que las plantas sintetizan porque son tóxicas para muchos herbívoros. Además, tienen la capacidad de producir el rechazo al alimento en gran diversidad de animales (interesante, ¿verdad?), actúan como moléculas disuasorias. La vaca, el ciervo o los monos, concretamente, evitan las plantas o las partes de las plantas con alto contenido de taninos y, sin embargo, los humanos preferimos un cierto nivel de astringencia en los alimentos con taninos, como las zarzamoras, las manzanas, el té y el vino tinto.

En la naturaleza, cuando aparece una molécula tóxica, siempre hay quien se adapta y así obtiene una ventaja sobre sus competidores. Por ejemplo, ratones y conejos producen proteínas en la saliva con alto contenido de un aminoácido que tiene gran afinidad por los taninos y esto los neutraliza. Sin embargo, se han descrito decenas de taninos que pueden inhibir hongos y bacterias. En muchos árboles, como por ejemplo el eucalipto, la madera muerta tiene una alta concentración de taninos y, con ello, previene la podredumbre producida por ataques de hongos y bacterias patógenas. Este es uno de los secretos de su éxito y de que sea capaz de adaptarse tan bien a ambientes muy distintos a los de su Australia natal.

La verdad es que algunos taninos han mostrado actividad antitumoral, antidiabética, antibacteriana y antimicótica en animales y en humanos y, por otro lado, puesto que no se descomponen durante la digestión y se comportan de manera similar a la fibra, sirven de sustrato a nuestra microbiota intestinal. De hecho, recientemente han sido reconocidos como prebióticos, es decir, aquellas moléculas que ingieres en tu dieta y que no tienen un efecto sobre ti, sino sobre los microorganismos de tu intestino.

Los más peligrosos: los compuestos del nitrógeno

Llegamos a la parte más importante de este capítulo: el tercer grupo de metabolitos secundarios. Se trata de los compuestos del nitrógeno, de los que encontramos más de

40 000 moléculas que se llaman así porque en su composición química hay al menos un átomo de nitrógeno. Se sintetizan principalmente a partir de los aminoácidos, los ladrillos que forman las proteínas, en cuya composición también hay nitrógeno. Podemos encontrar tres familias dentro de este gran grupo: alcaloides, glucósidos cianogénicos y glucosinolatos. Estos dos últimos no son tóxicos por sí mismos, pero se degradan rápidamente cuando la planta es aplastada, liberando toxinas volátiles. Los glucósidos cianogénicos liberan un veneno muy conocido. ¿Lo adivinas? ¡Exacto! Cianuro de hidrógeno o ácido cianhídrico (HCN), una de las moléculas tóxicas más potentes y de acción más rápida conocidas. La primera vez que se aisló fue de las semillas de chabacano.

Un ejemplo de este tipo de compuestos es la amigdalina, que se encuentra en almendras amargas y semillas de chabacano, cereza, manzana, ciruela o durazno, entre otros. ¿Te matarían unas cuantas semillitas de estas? Pues tendrías que comer muchas, la verdad. Sabemos que entre unos 35 y unos 245 miligramos de amigdalina acabarían con la vida de un adulto de 70 kilos. Por ponerte un par de ejemplos, si pesas 70 kilos necesitarías más de 4000 semillas de manzana o unas 100 semillas de chabacano (masticadas y tragadas). Fácil no es. Pero unas 170 semillas de manzana pueden empezar a darte problemas gástricos y dolores de cabeza y musculares. La amigdalina era la responsable de que hiciéramos muecas cuando nos comíamos una almendra amarga, ¿te ha pasado alguna vez? Cuando la almendra se rompe, la amigdalina entra en contacto con la enzima ß-glucosidasa y libera ácido cianhídrico. Esta sustancia inhibe la respiración celular y puede causar la muerte con 5 o 10 almendras a una persona promedio. También te digo: ¿quién se comería varias almendras amargas seguidas? Este tipo de fruto es producido por los llamados *almendros bordes*, que crecen de vez en cuando en las plantaciones. Los almendros se reproducen por injertos, usando un pie. Lo que puede ocurrir es que si el pie es de un almendro silvestre, el resultado sea un almendro «borde», que da almendras amargas. Hoy en día podemos disfrutar de almendros que producen semillas dulces (*Prunus dulcis* var. *dulcis*). El motivo no es una domesticación mediante la selección de variedades dulces hace miles de años, sino una mutación de un único gen que desactivó la síntesis de amigdalina. ¡Mira qué suerte! Lo malo es que esa mutación puede volver a ocurrir, produciendo de nuevo almendras tóxicas.

Normalmente, en una planta intacta los compuestos de nitrógeno no se liberan. El truco es muy sencillo: las plantas acumulan estas moléculas en un compartimento de las células y las enzimas que las degradan en otro. Si la célula está en condiciones normales, estos compuestos son inactivos y directamente no molestan, pero si algún bicho se come la hoja, la célula se rompe, las enzimas entran en contacto con estas moléculas y las modifican, convirtiéndolas en potentes venenos. En este caso, la reacción química produce azúcar, benzaldehído (responsable del sabor amargo) y ácido cianhídrico. El HCN es una toxina de acción rápida que inhibe la citocromo oxidasa, enzima clave en la respiración celular. Dicho de otra forma, impide que podamos utilizar el oxígeno que transportan los glóbulos rojos y mata a las células por asfixia. En la naturaleza, como suele ocurrir en algunos casos, hay herbívoros que se han adaptado a grandes dosis de HCN y a quienes no les hace absolutamente nada.

En el entorno médico, la amigdalina es conocida como *laetrilo*, *laetril* o *vitamina B17*, patentada en 1961 y promovida como un potente tratamiento frente al cáncer. Nada de esto es cierto, así que no te dejes engañar. Ni es una vitamina ni hay evidencia científica que avale su uso. No solo no es eficaz, sino que puede ser letal si se toma por vía oral. Llámalo sentido común, pero el envenenamiento con cianuro es lo que ocurre. Esta gran mentira tuvo mucho éxito y costó muchas vidas, entre ellas la del actor Steve McQueen, protagonista de clásicos del cine como *El gran escape* o *Papillón*. Su médico, un dentista sin licencia, le había diseñado para un cáncer de pulmón un tratamiento personalizado a base de enzimas pancreáticas, cincuenta vitaminas y minerales diarios, champús corporales frecuentes, enemas y una dieta específica, además de laetrilo. El tratamiento no solo acabó con su salud, sino también con su cartera. Es posible que, a pesar de esto y de su prohibición, sigas oyendo a sus defensores hablar de él y sus propiedades milagrosas. Exactamente lo mismo ocurre con el MMS (suplemento mineral milagroso), que, a pesar de estar prohibido en España desde 2010 por los graves peligros que conlleva para la salud (no deja de ser lejía), hay quien lo sigue promocionando y distribuyendo como tratamiento para el resfriado común, el acné, la diabetes, el autismo, la malaria, la hepatitis, el virus de la gripe H1N1, el VIH, el cáncer (sí, cualquiera), la COVID-19 y muchas más enfermedades. ¡Cómo no lo descubrimos antes! Supongo que quien lo tome no morirá de enfermedad alguna. Si algo sirve para todo, lo más normal es que no sirva para nada.

Otro alimento un poco delicado a la hora de ingerirlo es la yuca, también llamada *guacamote* en México. Su consumo tiene miles de años, y se sabe que fue uno de los primeros cultivos domesticados en América. Es un tubérculo rico en almidones de alto valor alimentario, muy consumido en ciertas partes del mundo, hasta el punto de que en muchos lugares de América sigue siendo un alimento básico. Estos tubérculos contienen altos niveles de glucósidos cianogénicos. A lo largo de la historia, las diversas poblaciones han transmitido el conocimiento de cómo preparar la yuca para poder alimentarse de ella sin peligro, ya que el contenido tan elevado de estas moléculas lo hacía inviable. Aunque la selección artificial ha procurado obtener variedades de yuca con menor contenido de glucósidos cianogénicos (incluso hay variedades que se podrían comer crudas), se debe tratar adecuadamente antes de su consumo. Los métodos de procesamiento tradicional eliminan o degradan una gran parte de ellos. Sin embargo, el konzo, parálisis de las piernas asociada a una alimentación con yuca no procesada de forma correcta, se ha convertido en una enfermedad epidémica en regiones donde la alimentación es casi exclusivamente a base de yuca. En España pasaba algo parecido con la harina de chícharos o guijas, que se utilizaba para las famosas gachas de chícharo, tan típicas de Castilla-La Mancha. Esta leguminosa acumula unos aminoácidos tóxicos que, consumidos con frecuencia, pueden provocar parálisis u otras enfermedades neurológicas. Al ser una legumbre que se adapta a suelos muy pobres, en periodos de hambre era un alimento básico, lo que provocó muchos problemas. Durante varias décadas su consumo estuvo prohibido en España, aunque este veto se levantó porque la gente ya no consume chícharos todos los días, como en la posguerra española. Los glucósidos cianogénicos están ampliamente distribuidos en el reino vegetal y se encuentran principalmente en leguminosas y especies de la familia de las rosáceas.

Dentro de unos cuantos capítulos hablaremos de los glucosinolatos y su importancia en la salud, pero ahora nos adentraremos en el grupo de metabolitos secundarios más importantes para nosotros: los alcaloides. En este grupo vamos a encontrar moléculas de gran importancia farmacológica y otras que simplemente son venenos que nos matan y, a pesar de eso, los consumimos de forma habitual. Increíble, ¿verdad?

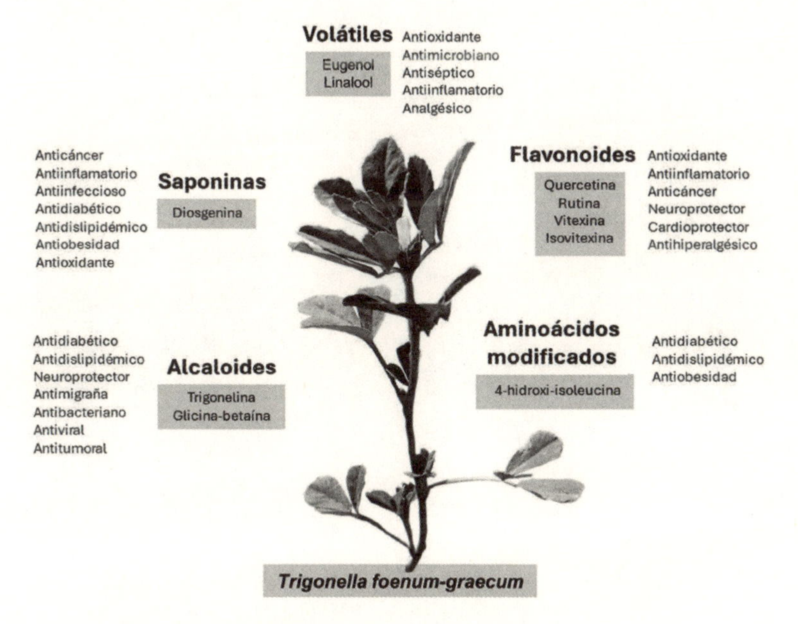

Un ejemplo de los metabolitos secundarios producidos por el fenogreco (*Trigonella foenum-graecum*), con propiedades nutricéuticas y farmacológicas. Adaptado de Naika *et al.*, *Scientific Reports* (2022).

Acompáñame en el siguiente capítulo. Vamos a introducirnos en una familia de moléculas alucinantes... literalmente.

2

CEREBRO. PLANTAS PSICOACTIVAS

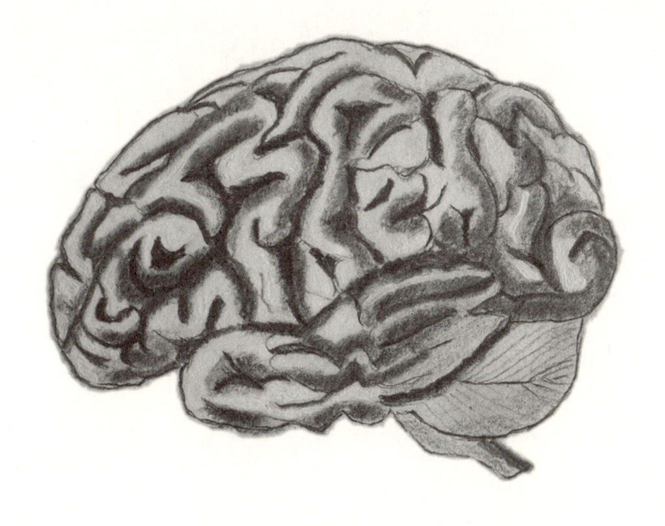

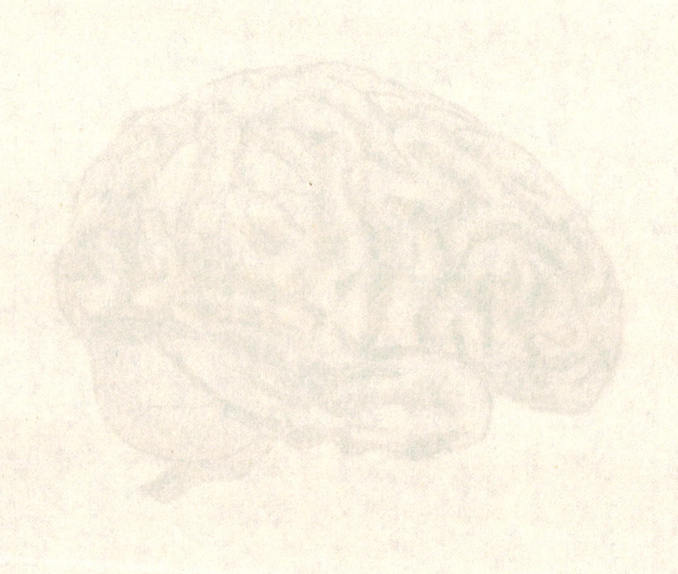

2.1

EL BUENO, EL FEO Y EL MALO. LOS ALCALOIDES

Los mejores perfumes vienen en frascos pequeños. ¿Quién no ha oído esta frase alguna vez? ¿Será porque su fragancia está muy concentrada y basta con aplicar apenas dos gotitas? Sería un buen ejemplo para contarte la principal característica que tiene este grupo de compuestos químicos. Te estoy hablando de los alcaloides, seguramente las moléculas más peligrosas de todos los metabolitos secundarios que producen las plantas, las que más víctimas han causado y las que mayor impacto social han tenido. Los alcaloides han provocado guerras, ruinas, alimentado grandes fortunas, causado muerte, dolor y sufrimiento y tienen mucha presencia social en nuestro día a día. Basta con salir a la calle, ver cualquier serie de televisión o quizá vivir ese drama en el entorno familiar. Por otra parte, también han salvado muchas vidas. Además, sin ellos la mayoría de los procedimientos quirúrgicos serían impensables, porque ningún paciente soportaría el dolor. Se trata de una familia muy diversa de más de 20 000 alcaloides de los cuales más de 12 000 se han identificado en plantas. Son moléculas que contienen nitrógeno, derivan de los aminoácidos y están presentes en el 20-25% de las plantas superiores, pero, sobre todo, son conocidas por sus importantes efectos farmacológicos en animales.

Se caracterizan porque muy poca cantidad de estos compuestos tiene un efecto fisiológico muy potente, tanto que puede resultar letal. Como ese perfume concentrado con el que, si te pasas, apestas, y del que solo debes usar una gotita para que tenga el efecto deseado.

Durante los últimos cien años no ha estado clara la función de los alcaloides y se ha sugerido que podrían ser desechos nitrogenados, como ocurre en los animales con la urea o el ácido úrico. También se propuso que podrían ser compuestos de almacenamiento de nitrógeno o reguladores de crecimiento, pero no había evidencias científicas que confirmaran esto. Ahora sabemos que la mayoría de estas moléculas actúan como defensa frente a predadores, especialmente mamíferos. De hecho, cada año hay un número importante de ganado que se envenena por consumo de grandes cantidades de plantas que contienen alcaloides (altramuces, albarraz y hierba cana). ¿Y esto no ocurre con animales salvajes? Pues no, y básicamente es porque los animales salvajes han estado sujetos a la selección natural, y los animales de granja se han domesticado y «no aguantan na», como dirían por mi Andalucía.

Prácticamente todos los alcaloides son tóxicos para los humanos a determinadas dosis y eso se debe a su facilidad para atravesar la barrera hematoencefálica, por lo que directamente llegan al cerebro o al sistema nervioso. Una vez allí, su estructura química es similar a la de muchos neurotransmisores, que son las moléculas que transmiten el impulso nervioso de una célula a otra. Esto hace que sean capaces de activar los receptores de estos neurotransmisores, provocando estímulos nerviosos que realmente no ha ordenado tu cerebro. El cerebro no puede eliminar estas moléculas porque no tiene enzimas que las reconozcan, por lo que su efecto se queda durante más tiempo que en un estímulo nervioso real. En otros casos lo que hacen es inactivar los canales que vuelven a introducir estos neurotransmisores y que los estímulos sean más intensos, de ahí todos los efectos que diferentes alcaloides tienen en la sensación del placer, del dolor o de la percepción. En cantidades ínfimas un gran número de ellos son útiles desde un punto de vista farmacológico, ya sea como relajantes musculares, tranquilizantes, antitusivos o analgésicos, y otro buen número está siendo evaluado continuamente por presentar efectos intensos muy prometedores para la medicina. La lista sería interminable, y no te voy a hablar de todos porque tendríamos para hacer otro libro y este acaba de empezar, pero sí me gustaría recordarte algunos conocidos, tan importantes que ocuparán un capítulo entero.

Debo decirte que, aunque son producidos mayoritariamente por las plantas, estas no son los únicos organismos que los producen. Se han aislado alcaloides también en bacterias, medusas, esponjas, hongos, vertebrados y artrópodos. De hecho, varias especies del género bacteriano *Streptomyces* nos han suministrado una amplia lista de antibióticos cuya naturaleza es de tipo alcaloide.

Pero, volviendo a las plantas, los alcaloides están ampliamente distribuidos. Aproximadamente una de cada cuatro plantas tiene alcaloides y en algún caso su concentración puede suponer el 10% del peso seco. La composición y abundancia varían de unas especies a otras, e incluso dentro de la misma especie su concentración puede cambiar según el momento del día. De forma general, piensa que si hablamos de una planta que no ha sido domesticada, su contenido en alcaloides, y seguramente la toxicidad de estos, será mayor que en aquella que hemos seleccionado a lo largo de la historia como alimento.

En las novelas de Agatha Christie, uno puede morir de muchas formas, pero una de las favoritas de la reina del crimen era el veneno. El arsénico y el cianuro han tenido mucha presencia, pero cuando el veneno era de origen vegetal, solía usar estricnina, ricina, digital, cicuta, aconitina y algunos más..., porque, oye, sesenta y seis novelas te hacen ser creativo hasta para matar.

La estricnina

La estricnina es un potente alcaloide cuya fuente más común son las semillas del árbol *Strychnos nux-vomica*, también conocido como *nuez vómica*. Los efectos tóxicos y medicinales de este árbol son bien conocidos desde los tiempos de la antigua India, aunque el compuesto químico en sí no fue identificado ni caracterizado hasta el siglo XIX. La estricnina fue descubierta por primera vez por los químicos franceses Joseph Bienaimé Caventou y Pierre-Joseph Pelletier en 1818 en el haba de San Ignacio (*Strychnos ignatii*, llamada así porque fue el nombre que le puso el botánico jesuita Georg Kamel en honor a san Ignacio de Loyola. Es un pariente cercano de la nuez vómica). Su estructura fue determinada por primera vez en 1946 por sir Robert Robinson y en 1954 este alcaloide fue sintetizado en un laboratorio por Robert B. Woodward. Esta es una de las síntesis más famosas de la historia de la química orgánica. Ambos químicos ganaron el Premio Nobel (Robinson en 1947 y Woodward en 1965).

Podría ser un buen veneno porque es incoloro, pero habría que camuflar su sabor porque es muy amargo, de ahí su nombre, ya que hace vomitar. A pesar de que el envenenamiento por inhalación, ingestión o absorción a través de los ojos o la boca puede ser fatal, la muerte solo debería ocurrir si, en el caso de ingestión, se trituran o mastican las semillas, dado que al ser demasiado duras seguramente no se puedan digerir. En el peor de los casos, habrá convulsiones musculares y finalmente la muerte por asfixia. Y no te detallo toda la retahíla de síntomas previos al deceso, porque si la señora Christie eligió este veneno para muchas de sus obras, es porque a sus lectores nos gusta el morbo, y el envenenamiento con estricnina produce algunos de los síntomas más dramáticos y dolorosos conocidos de cualquier reacción tóxica.

Bueno, ¿y este alcaloide sirve para algo más que para matar al personaje de la novela de Agatha Christie? Pues espera y verás. Yo entiendo su uso como estimulante recreativo, pero no llego a asimilar que a finales del siglo XIX y principios del XX se utilizara como potenciador del rendimiento deportivo. Era la energía para el triunfo del atletismo. Imagínate: el maratón de los Juegos Olímpicos de 1904 (en San Luis, Estados Unidos). Lo que te voy a contar es digno de una película de Berlanga si hubiera ocurrido en España. Aquel maratón no tenía prácticamente organización, y participaban poquitos países. La carrera tuvo lugar bajo un intenso calor, y el recorrido transcurría a lo largo de un camino de tierra. Los autos de seguridad, a su paso, iban levantando un polvo que no solo dificultaba la visión de los atletas, sino que, además, estos se lo iban tragando. El que ganó la carrera hizo una pequeña parte corriendo y el resto en autostop. Se reconoció el fraude y fue expulsado del deporte durante un tiempo (mucho menos del que establecía la sanción). El que llegó en segundo lugar, Thomas Hicks, fue declarado ganador, pero durante su carrera, ya exhausto, sus compañeros le habían dado claras de huevo, coñac y 1 miligramo de estricnina, que con su capacidad estimulante podía ayudarle a llegar a la meta, como el que le da un plátano a un ciclista en el Tour. La alcanzó alucinando y poco después se desplomó. Sobrevivió a esta imprudencia, aunque los médicos le dijeron que si se hubiera tomado otra dosis de estricnina, habría muerto.

Sí es cierto que, durante mucho tiempo, hemos aprovechado las propiedades de la estricnina para utilizarla como pesticida y matarratas, pero aquello también quedó atrás. En la Unión Europea los raticidas con este principio activo están prohibidos desde 2006.

La solanina

Si estamos hablando de alcaloides, el premio no se lo lleva la estricnina. Entre las plantas hay una gran familia que nos da mucho de que hablar y que conoces de sobra. La familia de las solanáceas está repartida por todo el mundo (menos la Antártida, donde no es que no haya solanáceas, sino que no hay de nada a excepción de un par de especies vegetales). América, Asia, Australia, África, desiertos, bosques tropicales... albergan en sus terrenos algunas de sus cerca de 3000 especies. En 2017, se descubrió un fósil de esta familia perteneciente a un género que aún existe y cuya fruta es muy típica de Colombia o México, llamado *physalis* (*Physalis infinemundi*), que encontraron en la región de la Patagonia argentina y data de hace 52 millones de años. Las solanáceas son plantas tan variadas que las encontramos en alimentos que todos tenemos en nuestra cocina, en plantas que usamos en mi laboratorio como parte de nuestra investigación rutinaria o en plantas silvestres que, si jugaras con ellas, morirías. Sí, las solanáceas es la familia de las papas, los jitomates, los pimientos y las berenjenas, entre otras.

A pesar de esta enorme diversidad, tienen algo en común, y es que podríamos considerarlas como una verdadera fábrica de alcaloides, lo que ha originado que algunas especies sean mundialmente conocidas por sus usos medicinales, sus efectos psicotrópicos o por ser ponzoñosas. Si hurgamos entre ellas, encontraremos la que da nombre a esta familia, la solanina. Es un glucoalcaloide (o glicoalcaloide), es decir, contiene un azúcar y un alcaloide variable según se trate de papa (solanidina, chaconina), jitomate (tomatidina) o berenjena (solasodina), mayoritario en hojas, frutos y tubérculos. El término *solanina* es un genérico para el alcaloide que forma parte de estas moléculas. Su sabor es amargo, y es por algo. La producción de estas moléculas es una estrategia de defensa contra herbívoros, lo que significa que sabe amargo para que el animal la pruebe y no coma más. Es el mejor mecanismo disuasorio, y, si insistes, tendrás alteraciones gastrointestinales (diarrea, vómito, dolor) y neurológicas (alucinaciones y dolor de cabeza) si ingieres 140 miligramos y pesas 70 kilos. A ver, ¡te lo está diciendo el sabor! ¿Qué ocurre? Pues que las plantas silvestres, como el toloache, el beleño o la mandrágora, de las que luego te hablaré, no suponen un problema grave porque normalmente nadie se las come. Sin embargo, algunas de las plantas que tienen este alcaloide son importantes cultivos agroalimentarios, como la papa, el jitomate, la berenjena o el pimiento. Todas fueron plantas silvestres hasta que llegó el hombre, las domesticó y dejaron de serlo. Eso ha supuesto que, por selección artificial, durante miles de años se hayan ido eligiendo los individuos que acumulaban menos alcaloides, hasta que llegamos a las variedades actuales, que tienen una pequeñísima cantidad de solanina. La papa de hoy tiene mil veces menos solanina, y el jitomate «se deja comer» (el ancestral era tóxico). En el jitomate no se ha reducido tanto el contenido como en la papa, pero siempre que no te lo comas verde, todo estará bien. Conforme va madurando, va perdiendo concentración, así que mejor maduros, y, si no, acuérdate del título de aquella película, *Tomates verdes fritos*.

Que se haya reducido considerablemente el contenido de solanina en las papas, ¿significa que estamos exentos de intoxicarnos? Pues no. Para empezar, teniendo en cuenta que el contenido medio de este alcaloide es de 0.075 miligramos por gramo de papa, es poco probable que ingieras 1.8 kilos de papas de un jalón, pero puede ocurrir que la concentración aumente por distintas causas, como una infección por el temido hongo mildiu, la temperatura de almacenamiento, los daños por golpes, la luz... Si ves que tus papas tienen «hijos» puede deberse a cualquiera de estos factores. La única precaución que debes tener es desechar aquellas que al pelarlas les encuentres piel y carne de color verdoso y cocinarla a 210 °C durante al menos diez minutos. Ese color denota la presencia de la solanina. Y ante la duda no te comas nunca una papa cruda... primero por los alcaloides y segundo porque si te ve alguien, dudará de tu salud mental.

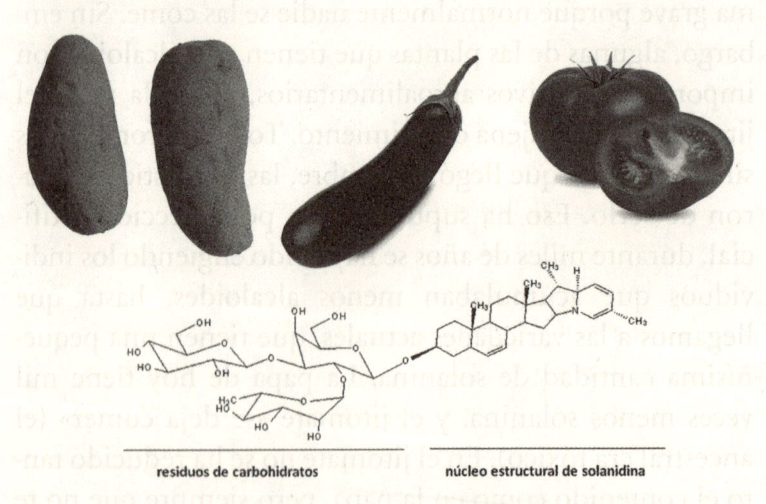

Alimentos que contienen solanina.

Si bien es cierto que estas moléculas se utilizan en agricultura como un biopesticida, por sus propiedades fungicidas e insecticidas, eso no significa que algunos cultivos de solanáceas sean inmunes frente a ciertas enfermedades. ¡Ojalá!, pero no. Siguen viéndose afectados por plagas y enfermedades como el mildiu, la podredumbre de la papa, la mosca blanca, la araña roja o lepidópteros como la polilla. Es el efecto secundario indeseado de haber reducido su concentración en alcaloides. Más allá de la agricultura, los estudios sobre la investigación frente al cáncer con estos alcaloides (solanina, solasonina, solamargina...) acaparan mayor atención.

La hierba silvestre llamada *tomatillo del diablo* o *hierba mora* (*Solanum nigrum*) fue de donde se aisló por primera vez la solanina y, como su nombre indica, es muy tóxica (si algo lleva la palabra *diablo* en su nombre, tómatelo en serio). No se come verde, pero las bayas maduras y las hojas cocidas de variedades comestibles se utilizan como alimento (mermeladas, conservas o ingredientes) en algunos lugares. Mucha hambre tendría que pasar para comerme algo silvestre que sé que es tóxico, aunque esté maduro... Y, no obstante, esta hierba se registró como alimento durante la hambruna en la China del siglo XV y se toma en Etiopía en épocas de escasez. Sin embargo, si te das una vuelta por Kenia, Tanzania, la India o Ghana, entre otras regiones, comerse las bayas maduras de esta planta no solo es habitual, sino un manjar en algunos casos. A pesar de su toxicidad, o precisamente por eso, se ha utilizado en medicina tradicional como sedante, antiinflamatorio, antitumoral, antipirético y purgante, por lo que con ella se realizan numerosos estudios. Una revisión reciente (2023) ha mostrado que los alcaloides esteroides de *Solanum nigrum* exhiben sólidas propiedades antitumorales, ya sea de forma independiente o cuando se combinan con otros fármacos. Creo que en esta área lo mejor está por venir.

Todos identificamos las papas y los jitomates como plantas venidas de América. Que hasta el descubrimiento del Nuevo Mundo no conociéramos esas dos especies no quiere decir que la familia fuera una desconocida. En el Viejo Continente también existían solanáceas. La más común era la berenjena (*Solanum melongena*), que es una planta de origen africano, pero domesticada en la India, donde la mayoría de las especies silvestres que existen provienen de la variedad cultivada originalmente en el norte de ese país. La berenjena silvestre es una planta baja, espinosa y que da un fruto pequeño y amargo, bastante tóxico, lo que, como ya sabes, suele pasar con todas las plantas de esta familia. Desde el norte de la India tomó dos rutas opuestas. Las de la primera migraron hacia China, donde se desarrollaron variedades de fruto muy pequeño. Si viéramos las variedades chinas no las reconoceríamos como berenjenas. En la actualidad siguen siendo bastante desconocidas en Europa. Algunas recuerdan incluso a un jitomate, por tener un color rojizo, pero al cortar el fruto, tiene textura de berenjena. Otras de estas variedades primitivas de berenjena tomaron el camino contrario desde la India y son las antepasadas de las berenjenas actuales. Aquí se buscaron frutos grandes y plantas sin espinas, aunque no todas las variedades las han eliminado por completo. La expresión *meterse en un berenjenal* hace referencia a que los agricultores saben que existen berenjenas que todavía conservan las espinas, pequeñas, complicadas de quitar y que su picadura es bastante dolorosa. Recoger berenjenas no es una actividad agradable. Lo sé. Muchas horas de invernadero me avalan. Durante varios años trabajé con este cultivo, y he llegado a tener más de cincuenta plantas muy grandes y relativamente juntas en un invernadero que producía berenjenas moradas rayadas. Literalmente me metí en un berenjenal para poder cortar los frutos y me llevé más de un piquete.

 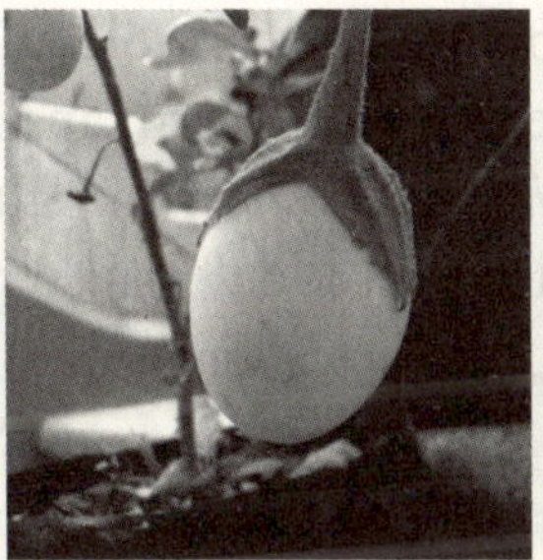 

Diferentes variedades de berenjena (*Solanum melongena*).
En el centro, la que le da su nombre en inglés: *eggplant*.

Actualmente, cuando nos imaginamos una berenjena grande, de pulpa blanca, con semillas muy pequeñas y de color morado estamos pensando en la berenjena *black beauty*, una variedad cuya primera referencia aparece en Estados Unidos en el año 1911. Su origen es incierto, pero parece un híbrido hecho a partir de material genético de diferentes procedencias, todas occidentales (frutos grandes), caracterizado por su sabor suave. Sabemos que las primeras variedades de berenjena que llegaron a Estados Unidos no eran moradas porque su nombre en inglés americano es *eggplant*, 'planta huevo', por lo que debían de ser blancas. En los bancos de semillas pueden encontrarse berenjenas moradas y negras, pero también blancas, rojas o amarillas. La pulpa puede ser blanca o no. En general, muchas variedades antiguas, cuando las cortas, se vuelven negras enseguida por la acción de los antioxidantes que contienen.

La berenjena, como buena solanácea, también contiene alcaloides, más allá de la solanina. Si alguna vez comes una berenjena cruda o poco cocida, notarás un sabor ligeramente picante, y la lengua te quemará un poco. Puede ser debido a la presencia natural de histamina y de ácido oxálico, que son capaces de generar una sensación de picazón o quemazón en la boca y la garganta en personas sensibles. Pero también hay otra molécula responsable: la nicotina, un alcaloide encontrado principalmente en la planta del tabaco (*Nicotiana tabacum*), con alta concentración en sus hojas. Constituye cerca del 5% del peso de la planta. La nicotina debe su nombre al embajador francés en Portugal Jean Nicot de Villemain, que envió el tabaco y sus semillas a París en 1560, lo presentó al rey de Francia y promovió su uso medicinal. Así es, medicinal. Se creía que fumar protegía contra las enfermedades. A finales del siglo XVII, esta especie, además de para fumar, también se usaba como insecticida. No en vano, es un potente veneno y no solo para nosotros. Después de la Segunda Guerra Mundial, se utilizaban más de 2500 toneladas de insecticida con nicotina en todo el mundo, cifra que empezó a descender cuando se comercializaron otros productos menos agresivos y más baratos, hasta llegar a 2014, cuando se prohibió este ingrediente en los plaguicidas.

Dado que la planta la fabrica como molécula de defensa, se ha visto que *Nicotiana attenuata*, una variedad de tabaco silvestre nativa de Norteamérica, aumenta la producción de nicotina cuando la ataca un herbívoro. Sin embargo, como consecuencia de la evolución, hay predadores que se han hecho resistentes a la nicotina. El gusano del tabaco (el estado larvario de la polilla *Manduca sexta*) se alimenta de hojas de algunas solanáceas. Es más conocido por ser un organismo modelo en neurobiología, debido a que es fácil trabajar con su sistema nervioso, a su corto ciclo de vida y su sencillo mantenimiento. Para este gusano, la nicotina no solo no es venenosa, sino que la metaboliza perfectamente y es capaz de utilizarla en su propio beneficio para liberarla al aire desde los espiráculos con el fin de disuadir a las arañas lobo que pretendan darse un festín. En dos palabras, exuda nicotina. Este fenómeno tiene un nombre muy curioso y oportuno: *halitosis tóxica* (o *defensiva*).

Y entonces, ¿qué hace la planta?, ¿se resigna a que exista un maldito gusano que acabe con ella y se aproveche de la energía que invierte en sintetizar alcaloides? Para nada, siempre va un paso adelante y, en caso necesario, pone en marcha el plan B: emitir moléculas volátiles que atraigan insectos del género *Geocoris* para que se alimenten de esos gusanos y dejen al tabaco en paz. Realmente estos insectos son considerados beneficiosos para la agricultura, dado que nos ayudan de forma natural y de buena manera (para nosotros, no para sus presas) a eliminar plagas. No es un caso aislado de robo de moléculas ajenas. De hecho, es algo bastante común y muchas orugas almacenan venenos. Por ejemplo, la oruga oriental mastica plantas que están cargadas de cianuro de manera que lo acumula y lo vomita sobre las hormigas merodeadoras. Sin embargo, la nicotina es demasiado venenosa para acumularse y para el pequeño (pero precioso) gusano del tabaco es más fácil metabolizarla y «vapearla» a través de la piel.

Siguiendo con la nicotina, en bajas concentraciones es un estimulante y uno de los principales factores de adicción al tabaco. La molécula alcanza pronto el cerebro del fumador. Al inhalar, el humo hace llegar la nicotina a los pulmones junto con las partículas de alquitrán asociadas; de ahí, pasa a la sangre. Entre diez y sesenta segundos después, la nicotina atraviesa la barrera hematoencefálica y penetra en el cerebro. Si aún no lo has dejado, estás a tiempo (nunca es demasiado tarde y te alegrarás). Y si necesitas ayuda, pídela. Se puede, de verdad.

Pero este libro no va de insectos sino de plantas, así que en esta ocasión nos vamos a ir muy lejos sin movernos del sitio. Prepárate.

Nombre común	Nuez vómica
Nombre científico	*Strychnos nux-vomica*
Usos populares	Veneno.
Usos confirmados por la ciencia	Veneno.
Curiosidades	La estricnina fue el veneno elegido por Agatha Christie en su primera novela, *El misterioso caso de Styles*, publicada en 1920. En aquella época la estricnina aparecía en remedios medicinales como vigorizador muscular, reconstituyente, digestivo e incluso como tónico cardiaco. Ninguno de esos usos tiene aval científico.

Nombre común	Tabaco
Nombre científico	*Nicotiana tabacum*
Usos populares	Afecciones pulmonares y diversas enfermedades respiratorias en muchas culturas precolombinas.
Usos confirmados por la ciencia	No solo no soluciona ningún problema respiratorio, sino que es un potente cancerígeno.
Curiosidades	Las hojas del tabaco, debido a su toxicidad, pueden utilizarse como insecticida, acaricida o fungicida... ecológico.

2.2

VIAJANDO SIN MOVERTE

Nuestros primeros antepasados vivieron como cazadores-recolectores. Podemos imaginar algunas cosas de cómo era su estilo de vida fijándonos en la cultura de los grupos humanos que en el siglo XXI siguen cazando y recolectando, como los aborígenes australianos, los indios del Amazonas o los bosquimanos del desierto del Kalahari. No resulta sorprendente que, en su búsqueda de alimento guiada por el azar de lo que encontraban y la necesidad de ir probándolo todo para encontrar alimento, conocieran toda una serie de sustancias con propiedades alucinógenas de hongos, plantas y animales, que acabaron siendo utilizadas con fines diferentes al puramente alimentario. Ötzi, el hombre de hielo cuyo cuerpo congelado fue recuperado en los Alpes en 1991, vivió alrededor del año 3300 a. C. y llevaba en su bolso una farmacia de viaje que incluía dos especies diferentes de hongos de repisa (los que se alimentan de la madera de los árboles): *Piptoporus betulinus*, con un largo uso en medicina tradicional, y *Fomes fomentarius*, probablemente empleado para encender fuego. Los hongos de repisa suelen ser comestibles, aunque algunos resultan ser venenosos.

El continente americano es, desde un punto de vista etnobotánico y antropológico, un lugar privilegiado, dado el amplio número de sustancias psicotrópicas ricas en alcaloides muy potentes que se derivan de plantas endémicas. Existen evidencias arqueológicas, etnohistóricas y etnográficas que demuestran que a lo largo de la historia se han empleado sustancias alucinógenas con fines mágicos, terapéuticos y religiosos. Con ellas preparaban un *enteógeno*. No me mires con esa cara que yo tampoco sabía lo que era esta palabra. Han sido tan importantes el uso y consumo de sustancias psicotrópicas en distintos contextos a lo largo de la historia que la sustancia vegetal o el remedio de sustancias vegetales con propiedades alucinógenas tiene su propio neologismo desde 1979: *enteógeno*. El término tiene una connotación religiosa, ya que su significado implica, además de propiedades psicotrópicas, que estimula el misticismo y la comunicación con las divinidades. El estado alterado del nivel de conciencia que se deseaba obtener se caracterizaba por una desorientación del tiempo y el espacio, sensación de éxtasis y de paz interior, tendencia a la introspección, alucinaciones de colores vivos y un sentimiento de comunión con la naturaleza y las divinidades.

Las mitologías y religiones tenían como maestro de ceremonias al sacerdote o chamán, que era el que se encargaba de conectarte con el mundo espiritual. Era como una especie de intermediario entre el mundo natural y sobrenatural al que se llegaba (después de meterse lo que fuera por cualquier vía) para adquirir de los espíritus los conocimientos sobre plantas que curan, diagnosticar enfermedades, asegurar una buena cosecha o la llegada de lluvia. Ya ves, todo muy místico. Más o menos lo que se hace en cualquier tipo de carnaval con menos plumas y caras pintadas.

Los patrones de uso han cambiado según la época y el lugar. Por ejemplo, las plantas del Nuevo Mundo como el tabaco (nicotina) y la coca (cocaína) son relativamente nuevas en el Viejo Mundo. Por el contrario, la amapola (opio) y el cáñamo (cannabis), de los que hablaremos detalladamente al final de este libro, se originaron en Eurasia. Fíjate que la nota discordante sería el alcohol, dado que, como es fácil de producir (básicamente por una fermentación del almidón o azúcar de plantas o de la miel y una levadura), se ha utilizado en todas las culturas, a pesar de lo cual era bastante desconocido en gran parte de América del Norte antes de la llegada de los europeos.

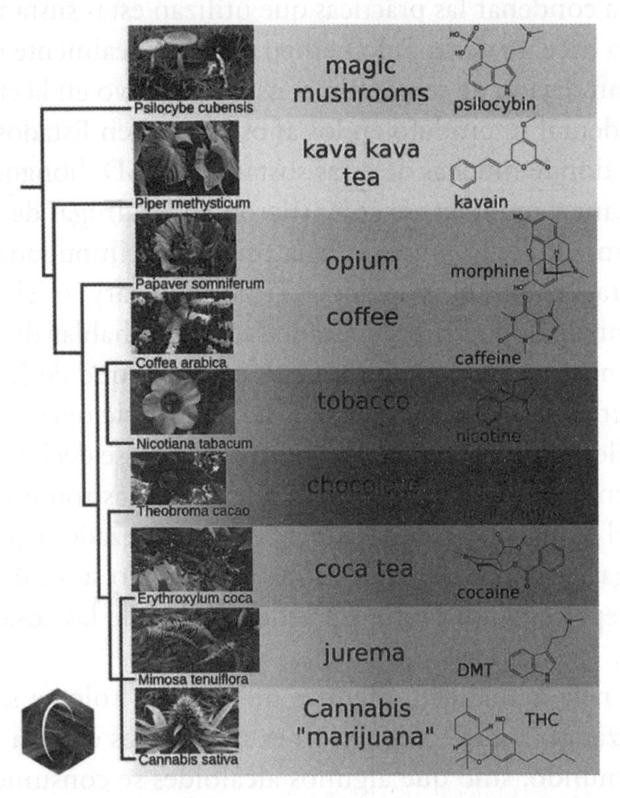

Relación entre plantas (y un hongo) y sus moléculas psicoactivas.

En determinado momento de la historia, algunas de las plantas que llevaban milenios siendo utilizadas como sustancias psicoactivas empiezan a tener una connotación negativa hasta el punto de que actualmente conservan nombres peyorativos que las relacionan con la locura o con el demonio. Esto se consolida en la Edad Media, momento en el que se empiezan a suplantar por las bebidas alcohólicas. De hecho, fíjate que, cuando los españoles llegan a América, describen los efectos del peyote, hongos y otras sustancias alucinógenas como una embriaguez alcohólica (no tenían un marco de referencia con el que compararlos). A medida que se va implantando el cristianismo, se empiezan a condenar las prácticas que utilizan estas sustancias... hasta hace no demasiado tiempo. Aunque realmente nunca se han dejado de tomar. Su consumo masivo en la cultura occidental se produjo en los años sesenta en Estados Unidos, donde muchas de estas sustancias (LSD, hongos, marihuana y opioides) se convirtieron en las drogas de moda del movimiento *hippie* y de la psicodelia, impulsadas por figuras como el psicólogo Timothy Leary o el pseudoantropólogo Carlos Castaneda, por no hablar de todos los músicos, escritores o artistas plásticos que declaraban haberlas usado para ayudar a sus composiciones, lo que conllevó que, en el caso concreto del LSD, se declarara ilegal en 1966. Recientemente, el gurú de la gastronomía Michael Pollan ha reconocido que ha empezado a utilizar drogas psicodélicas y que así ha aumentado su umbral de percepción. Quizá esto explique algunas de las cosas que dice.

En la actualidad, algunas de ellas no solo se siguen utilizando sobre todo con fines recreativos en esta parte del mundo, sino que algunos alcaloides se consumen de manera socialmente aprobada, como es el caso del tabaco.

Llegados a este punto vamos a seguir hablando de alcaloides, pero nos vamos a centrar en los obtenidos de las plantas alucinógenas.

Plantas alucinógenas

Si conoces a alguien con disfunción eréctil, es muy posible que le hayan recetado apomorfina. Es un derivado de la morfina, de la cual hablaremos al final de este libro. Lo sorprendente es que la apomorfina ya era utilizada por los mayas y los antiguos egipcios ¡para lo mismo! Como ves, cuando nosotros vamos, otros ya vienen. Ellos no la tuvieron que sintetizar, ya había dos nenúfares que les ofrecían estos favores en sus bulbos y raíces. *Nymphaea caerulea* (loto azul egipcio) y *N. ampla*, de color blanco pero con un contenido de alcaloides similar, crecen a lo largo de lagos y ríos, prosperan en suelos húmedos y florecen en primavera. Hoy sabemos que estas especies se han empleado como alucinógenos tanto en el Viejo como en el Nuevo Mundo. El uso de *N. caerulea* y otras especies en rituales está representado en los frescos dentro de las tumbas y en los primeros rollos de papiro. El más importante de ellos fue el Papiro de Ani (Libro de los Muertos), donde *Nymphaea* es mencionada y representada en varios capítulos del libro, siempre ligada a ritos mágico-religiosos. Junto a las de *Nymphaea* suelen aparecer representaciones de *Papaver somniferum* y mandrágora, unas plantas alucinógenas con propiedades anticolinérgicas de las que hablaremos después. La tumba de Tutankamón contenía un santuario bañado en oro decorado con un bajorrelieve de un faraón que sostenía una enorme *Nymphaea* y dos mandrágoras en su mano izquierda. A lo mejor por este motivo, los nenúfares y la flor de loto siempre se han asociado a rituales de fertilidad o prosperidad. Otra explicación es que el faraón pudiera necesitar una ayuda botánica para sus relaciones, y así lo dejaron inmortalizado.

En el arte maya vemos motivos similares. En un jarrón encontrado en Bonampak, un sitio arqueológico del periodo clásico en el actual estado de Chiapas (México), el tocado de la figura central representa un personaje adornado con *Nymphaea* que realiza una danza ritual. En las ruinas mayas de Palenque, también en Chiapas, un bajorrelieve en la tumba de Pakal, en el templo de las inscripciones, contiene una representación de dos sacerdotes mayas de pie a cada lado del dios jaguar. Uno de ellos tiene un brote de *Nymphaea* saliendo de su cabeza, y el otro tiene la misma yema saliendo de su casco. El hecho de que en culturas tan diferentes la representación sea similar nos lleva a pensar que estas plantas tenían un uso común. Eran utilizadas como emético (provoca el vómito) durante sus rituales y como medio para alcanzar un estado de trance (y cuando lo aplicaban como enema alcanzaban un trance más rápido y más intenso). Pero, además, el objetivo era sexual-reproductivo. Como ya comenté, esa apomorfina actúa como un agonista selectivo de la dopamina, lo que significa que tiene afinidad con algunos receptores de la dopamina cuyo efecto en este caso es una relajación muscular y vasodilatación que, en última instancia, facilita la erección. Esto explica que aparezcan nenúfares en frescos en Luxor y dibujos eróticos en el Papiro de Turín. Por este motivo, el nenúfar fue considerado un eslabón de la fertilidad..., la flor de la alegría. Ahora entiendo por qué hay tantos en los estanques y por qué pintores como Monet los retrataban tanto.

Continuamos con México, la zona endémica de una de las plantas con mayor tradición de uso medicinal y ritual entre los indígenas americanos. Aquí encontramos *Lophophora williamsii*, más conocida como *peyote*. Fray Alfonso de Molina, lexicógrafo español del siglo XVI y autor del primer vocabulario impreso en lengua náhuatl, dice que el término *peyote* deriva de *peyotl*, que significa 'blancuzco', 'sedoso', probablemente por una pelusita blanquecina que lo recubre. En algunas regiones de México se le llama *flor de mezcal* y, dado que es propio de este país el destilado alcohólico de agave llamado *mezcal*, daba lugar a confusión. Cuando le pusieron ese nombre en tiempos coloniales se pensó que el estado de «embriaguez» del peyote era similar al del destilado. En mi primer viaje a México, hace casi treinta años, probé el mezcal y, aunque recuerdo la sensación tan fuerte de los 50-60 grados de alcohol, te cuento que para nada fue una sensación alucinógena.

El peyote es un pequeño cactus redondito y dividido en, al menos, cinco lóbulos. Sus flores son de color rosa pálido y tendrás que esperar para verlas porque crece tan exageradamente lento que tardará treinta años en florecer. Me estoy imaginando a un individuo mirando el cactus durante mucho tiempo y, en vista de que no daba flores, diría: «¿Qué puedo hacer contigo?». Y le encontró un uso, claro que sí.

Peyote (*Lophophora williamsii*).

Esta planta es especial por diversas razones: a pesar de ser un cactus, no tiene espinas, está clasificada como una especie sujeta a protección especial y contiene más de sesenta alcaloides de tipo feniletilaminas sustituidas. Las *feniletilaminas sustituidas* se llaman así porque a diferencia de las feniletilaminas (no sustituidas), llevan otros grupos químicos que ocupan distintas posiciones en la molécula. Dependiendo del grupo o grupos y su posición, vamos a encontrar moléculas con diferente actividad farmacológica, como estimulantes (por ejemplo, anfetaminas), alucinógenos, broncodilatadores (efedrina, pseudoefedrina), antidepresivos, etc. Por cierto, la feniletilamina es la endorfina que segrega nuestro cerebro cuando estamos enamorados y es especialmente rica en el chocolate... quizá por eso regalamos bombones en San Valentín.

Uno de sus alcaloides, la peyocactona, tiene efecto bacteriostático, es decir, detiene el crecimiento de las bacterias, así que se ha usado, en forma de extracto líquido de peyote, para tratar heridas cutáneas y mordeduras de serpiente y escorpión.

Pero centrándonos en los alucinógenos de este cactus, hay uno que destaca por encima de todos: la mescalina, llamada así porque provenía de la flor de mezcal. Es el alcaloide más importante del peyote, pero también está presente en otros cactus. La mescalina (3,4,5-trimetoxi-feniletilamina) se encuentra en los glóbulos en una concentración tal que la dosis mínima alucinógena es de 5 gramos de peyote seco. Una vez ingerido, masticado seco o en infusión y superado el sabor amargo, se empiezan a sentir los efectos a los treinta minutos. Pueden incluir náuseas, vómitos, midriasis (dilatación de pupila), hipertensión, taquicardia, temblor, ingravidez y alteración de la percepción del tiempo y el espacio. Los efectos alucinógenos son comparables a los del LSD y la psilocibina, aunque con algunos rasgos distintivos, como por ejemplo los patrones visuales recurrentes, que con la mescalina incluyen rayas, tableros de ajedrez, puntas angulares, puntos multicolores y fractales muy simples que se vuelven muy complejos. Las sensaciones producidas por este alcaloide se pueden alargar al menos seis horas, que es lo que dura la fase sensorial como mínimo. Si el cuerpo se acostumbra a esto (y no te has muerto) incluso puede que llegues a desarrollar tolerancia.

La mescalina fue aislada e identificada por primera vez en 1897 por el químico alemán Arthur Heffter. Fue la primera vez que se escindía un alcaloide enteogénico de una especie botánica natural. En 1919, a partir de la descripción de la estructura molecular de la mescalina realizada por Heffter, Ernst Späth, químico austriaco, sintetizó la molécula por primera vez en el laboratorio de química de la Universidad de Viena. También fue la primera vez que se conseguía un alcaloide alucinógeno en laboratorio. En los años cincuenta, el político inglés Christopher Mayhew participó en un experimento para un programa de la BBC en el que ingirió 400 miligramos de mescalina bajo la supervisión del psiquiatra Humphry Osmond. Digamos que es la dosis habitual para sentir los efectos y no morirte por sobredosis. No sé qué ocurriría en aquella grabación, porque la consideraron demasiado controvertida y finalmente no se emitió. A pesar de aquello, el señor Mayhew calificó la experiencia como «la cosa más interesante que he hecho».

El uso ritual del peyote en la prehistoria americana tiene más de 5 000 años. Tenemos evidencias de esto gracias al hallazgo de restos de peyote asociados a un contexto ritual en Cuatro Ciénagas, Coahuila, México, y en la cueva de Shumla, en Texas. De hecho, numerosas culturas mesoamericanas, incluidos los mayas y los aztecas, lo consumieron.

Un indio de Oklahoma toca la batería bajo los efectos del consumo de peyote.

Hay otra yerba como tunas de la sierra, se llama *peiotl*, es blanca, hállase hacia la parte del norte, los que la comen o beben ven visiones espantosas o irrisibles; dura esta borrachera dos o tres días y después se quita. Es común manjar de los chichimecas, pues los mantiene y da ánimo para pelear y no tener miedo, ni sed ni hambre, y dicen que los guarda de todo peligro.

Fray Bernardino de Sahagún,
fraile franciscano (1560)

Su consumo fue perseguido por la Inquisición y finalmente prohibido en 1720. En la actualidad, los indios tarahumaras, tepehuanes y huicholes del norte de México, así como los navajos y comanches del sur de Estados Unidos, lo utilizan con propósitos rituales y curativos.

Las plantas no experimentan sensaciones psicodélicas ni alucinógenas, así que ¿para qué quiere el cactus la mescalina? Ya sabes que son mecanismos de defensa y, en este caso, se protegen frente al estrés, de forma similar a cuando los animales liberamos cortisol cuando estamos estresados. Seguramente en ellas actúe como antioxidante, como señales de desarrollo o protegiendo la pared celular frente a organismos patógenos.

La mescalina es un agonista del receptor de la serotonina 5-HT_{2A}, lo que significa que tendría un efecto similar a la serotonina cuando se une a este receptor. En este caso, sus efectos son muchos más complejos, pues este receptor en concreto está implicado en respuestas del sistema nervioso central (excitación neuronal, alucinaciones, experiencias extracorporales y miedo), pero también en respuestas antiinflamatorias, incremento de niveles de oxitocina y otras hormonas, alzhéimer, envejecimiento... Al final, todo es mucho más complicado de lo que parece, tanto los efectos como, obviamente, las consecuencias de su utilización.

Su uso con fines médicos se sigue investigando, pero no es fácil, ya que su condición de sustancia controlada (forma parte de la Lista I del Convenio sobre Sustancias Psicotrópicas) limita mucho que llegue a los investigadores. Comprensible.

No solo se drogaban las culturas ancestrales de América. Vámonos al África ecuatorial. Allí crece un arbusto grande o árbol pequeño (puede llegar a medir diez metros) llamado *iboga* (*Tabernanthe iboga*) que no llama la atención por nada especial salvo por sus frutos, que parecen naranjas alargadas, y su olor proveniente de su látex, que es desagradable. Más allá de eso, lo interesante está en la corteza de su raíz, rica en alcaloides con efectos estimulantes y alucinógenos, entre los que destaca la ibogaína, que, dependiendo de la dosis, tiene uno u otro efecto. Hay constancia de su uso desde hace más de dos mil años entre los indígenas de Gabón. La leyenda cuenta que, en algún momento, los pigmeos babongos descubrieron los efectos psicoactivos de la iboga tras observar a los animales que consumían la planta. El árbol de iboga ha tenido un uso tradicional en los rituales espirituales de zonas como Gabón, Camerún y la República del Congo, donde esos alcaloides les proporcionan en las ceremonias una experiencia cercana a la muerte. A veces tan cercana que ha habido muertos. Después de su descubrimiento por exploradores franceses y belgas en el siglo XIX, se vendió como estimulante en Francia, donde gozó de cierta popularidad entre los atletas posteriores a la Segunda Guerra Mundial (el uso de la estricnina como estimulante para culminar la prueba deportiva había quedado atrás). En 1966 la venta de productos con ibogaína se volvió ilegal. A pesar de eso, se han registrado casi veinte muertos en las últimas décadas y su prohibición es lo que ha hecho que la investigación vaya un poquito más lenta.

El tema de la ibogaína es interesante porque, a pesar de ser ilegal en Estados Unidos, los estudios científicos apuntan a su uso como tratamiento para la adicción a los opioides, el trastorno del estrés postraumático, especialmente en el caso de veteranos de guerra, y las lesiones cerebrales.

Fue el uso accidental de este alcaloide por parte de un joven de diecinueve años y sus amigos lo que mostró sus efectos para el tratamiento de la adicción a los opioides a principios de los años sesenta. Siguiendo la máxima de «si del cielo te caen limones...», un grupo de adictos a la heroína utilizaron ibogaína para drogarse y notaron una reducción subjetiva de sus ansias y síntomas de abstinencia. Este chico, llamado Howard Lotsof, contrató a una empresa belga para producir ibogaína y realizar ensayos clínicos de los que finalmente, dada su efectividad en el tratamiento de las adicciones, obtuvo varias patentes y sobre los que publicó numerosos artículos de investigación. Hay un programa de «El cazador de cerebros», dirigido y presentado por Pere Estupinyà, titulado «Psicodélicos: Una nueva terapia para la mente», donde se cuenta la historia de Antonio, que, gracias a un ensayo clínico con ibogaína llevado a cabo en el Hospital Universitari Sant Joan de Reus, lleva dos años sin consumir metadona, a la que se hizo adicto a los veintisiete años. Aunque no se sabe exactamente cuál es el mecanismo de acción, se sospecha que la ibogaína fomenta la creación de nuevas neuronas y la neuroplasticidad. Aun así, parece ser tan efectivo que hay clínicas para tratar la dependencia a opioides, estimulantes, benzodiazepinas, opiáceos, alcohol y antidepresivos, entre otros, que lo utilizan. Pero, dado que no es un tratamiento universalmente reconocido, ni legal, para recibirlo habría que viajar a México, Canadá, Países Bajos, Sudáfrica y Nueva Zelanda, que operan en una «zona gris legal».

Un estudio realizado en 2020 con cincuenta y un veteranos de las Fuerzas de Operaciones Especiales de Estados Unidos que recibieron terapia en México con ibogaína y 5-MeO-DMT, otra sustancia psicodélica de la que te hablaré en breve, reveló «reducciones muy grandes» en los síntomas del trastorno de estrés postraumático (TEPT) de los participantes, entre otras cosas. La mayoría de los veteranos también describieron la experiencia como uno de los acontecimientos espiritualmente más significativos de su vida. No parece que sea una droga de efecto rápido, porque describen que una sola sesión puede llegar a ser agotadora y durar más de veinticuatro horas, en las que posiblemente te enfrentes a acontecimientos traumáticos del pasado. La iboga te introduce en un mundo onírico en plena vigilia, donde las personas pueden encontrarse con sus antepasados. Sí, es un sueño, pero probablemente lleno de pesadillas.

La demanda de ibogaína ha aumentado y la síntesis química aún no es eficiente a gran escala, así que hoy en día las plantas de iboga que salen de contrabando de Gabón proporcionan la mayor parte de la ibogaína del mundo. Un ciudadano alemán, Ralph Votel, ha sabido ver el negocio en esto y ha creado una plantación de iboga en Ghana con 70 hectáreas y 40 000 árboles. Logra enviar a todo el mundo y cubrir en gran medida las necesidades, pero la ibogaína de la iboga de Gabón sigue siendo única. Esperemos que, como ya ha ocurrido en otras ocasiones, la demanda no haga que perdamos una especie tan particular.

Ahora vamos a viajar, pero en el tiempo. En otras épocas, las hechiceras que con sus sortilegios lanzaban maleficios o curaban enfermedades no eran más que mujeres conocedoras de las plantas y sus propiedades medicinales. Las que llamamos hechiceras eran las herederas de las curanderas de la Antigüedad. Sabían bien qué plantas usar, qué partes emplear en sus pócimas, en qué dosis, cómo prepararlas y, sobre todo, cuándo recolectarlas, ya que algunos principios activos se van acumulando durante las horas de sol y llegan al máximo cuando este empieza a caer. He de confesarte que la sensación de volar en escoba se debía a otro modo de aplicación de los ungüentos. Desnudas, se untaban la piel, genitales y ano con estas pócimas y, con el roce más o menos vigoroso del palo de la escoba, los alcaloides en contacto con las mucosas genitales (permeables a numerosas sustancias) pasaban mucho más rápido al torrente sanguíneo. Con esto, no solo conseguían una sensación de ingravidez, sino un estado alterado de conciencia, experiencias alucinógenas y, típicamente, delirio. Numerosos antropólogos dicen que detrás de las brujas volando con escobas, de los encuentros con machos cabrío en aquelarres (en vasco, *aquelarre* significa 'prado del macho cabrío'), no se escondía más que una costumbre de tomar ciertas drogas por vía tópica.

Para hacer estos ungüentos recogían beleño, belladona, mandrágora o toloache. Todas ellas tienen algo en común: son solanáceas y son silvestres, y, por tanto, como ya sabes, especialmente ricas en alcaloides como atropina, hiosciamina y escopolamina, cuyos efectos alucinógenos y narcóticos las hacen extremadamente tóxicas. A lo largo de la historia, el misterio, la leyenda y la superstición han sobrevolado siempre a las brujas y las plantas empleadas. Lo que sí es cierto es que se han utilizado de forma efectiva en medicina tradicional desde tiempos muy remotos con distintos fines, como reducir el dolor o el insomnio, debido sobre todo al efecto narcótico. Sin embargo, por su enorme toxicidad, su uso farmacológico está muy restringido.

Otros alucinógenos

Algunas de las sustancias psicotrópicas más famosas cuyo origen no es vegetal proceden de algunos hongos y, recordemos, un hongo o una seta no es una planta.

Es el caso del ácido lisérgico, precursor de varios alcaloides naturales del cornezuelo del centeno, como la ergotamina. Estos alcaloides constituyen un grupo importante de fármacos, estudiados desde hace mucho tiempo y que manifiestan una variedad compleja de propiedades farmacológicas. El ácido lisérgico, que no tiene efecto psicotrópico, fue el origen de un poderoso alucinógeno sintetizado por Albert Hofmann en 1943, el LSD, cuyos efectos probó él mismo por accidente. La historia dice que no le convencían los resultados en animales, donde no se podía apreciar ningún efecto medible, así que decidió probarlo en sí mismo, justo al acabar la jornada laboral y dirigirse a su casa en bicicleta. Por el camino, la bicicleta parecía tener alas, la realidad empezó a distorsionarse y, al llegar a la residencia donde se hospedaba, la patrona le pareció una bruja mala salida de un cuento de los hermanos Grimm. Hoy simplemente lo llamaríamos *un mal viaje*.

Con los hongos nos pasa una cosa graciosa. Siempre digo que «todas las setas son comestibles... al menos una vez» para dar a entender que algunas son mortales. Y es que es así, porque *Amanita muscaria* (la típica seta de cuento con el sombrero rojo y manchas blancas) es venenosa. Esta especie, consumida desde el 1600 a. C., nos ofrece el alcaloide muscimol, que, junto con el ácido iboténico, es el responsable de los efectos psicotrópicos de este hongo si aciertas con la dosis, porque lo más seguro es que te mate. Por cierto, lo de *muscaria* viene de *musca*, que significa 'mosca' en latín, y es que esta popular seta también es conocida como *matamoscas* porque se usaba con este fin. Aunque es mucho más letal la *Amanita phaloides*, que es blanca, larga y estrecha, y su sombrero recuerda a un glande, de ahí su nombre. En el oeste de Siberia, los chamanes sí conocían cómo y cuánto usar, porque formaba parte de sus métodos para lograr un estado de trance. También la utilizaban los lapones, aunque de una forma un poco especial: se la daban de comer a los renos y luego bebían su orina, que concentraba las sustancias psicoactivas.

Sin embargo, es más preocupante el hecho de que haya setas que son comestibles y alucinógenas, los llamados *hongos alucinógenos*. De hecho, fueron una de las primeras drogas empleadas por la humanidad. Hay varios géneros y más de doscientas especies capaces de producir psilocibina y psilocina, principalmente. Destaca el género *Psilocybe* porque es al que pertenece la mayoría de las especies. Aunque es un género bien distribuido, parece que su uso está más concentrado en México, donde es conocido como *teonanácatl*, y Guatemala, donde forma parte de ceremonias religiosas. En estos dos países y El Salvador se hicieron muchas figuras de piedra con la forma del hongo durante la civilización maya. Al principio se desconocía el significado de estas estatuillas, pero posteriormente se descubrió que su forma correspondía al hongo *Psilocybe* y que serían una forma de mostrarle culto, lo que demostró la larga historia de su uso en estas culturas. Realmente, cuando uno ingiere psilocibina (que, por cierto, es más abundante en el sombrero que en el tallo, y más en hongos jóvenes y pequeños), es el organismo el que se encarga de metabolizarla rápidamente en psilocina, que es la responsable del efecto psicoactivo. ¿Y qué repercusión tiene? Pues es una agonista de algunos receptores de la serotonina. Esto significa que tiene un efecto similar a la serotonina, y recordemos que este neurotransmisor está relacionado con la sensación de bienestar, relajación y satisfacción.

Hongo de San Juan (*Psilocybe semilanceata*).

Albert Hofmann purificó el principio activo de la psilocibina desde el hongo *Psilocybe mexicana* y desarrolló un método sintético para producir la droga. LSD, psilocibina, otros alucinógenos... Trabajar con el profesor Hofmann debía de ser una ruleta rusa. Y como ya te conté, fue la primera persona que viajó a partir de un extracto.

Resulta un poco contradictorio que se estén empleando las drogas psicodélicas para luchar contra una adicción, pero los estudios más recientes, publicados mientras estoy escribiendo estas líneas, apuntan en esa dirección. En 2023, Australia aprobó el uso de psilocibina y MDMA (popularmente conocido como *éxtasis*, *cristal* o *meta*, pero esto ya lo sabes si has visto *Breaking Bad*) para tratar la depresión, adición y ansiedad en el caso de la psilocibina y el estrés postraumático en el caso del MDMA. Pero parece ser que el mayor potencial terapéutico está en las adicciones, en concreto al alcohol y al tabaco. Los avances de Australia han sido tan rápidos que se han introducido en el mercado estas sustancias, para uso médico, sin acabar los ensayos clínicos. En cualquier caso, los mecanismos por los que actúan en el cerebro se desconocen... hasta ahora. Se ha publicado una investigación en la prestigiosa revista *Nature* que los expertos califican como bonita y bien hecha (aunque los resultados, muy prometedores, se deben confirmar en más investigaciones similares). En el estudio observaron que el consumo de una única dosis de psilocibina provoca cambios profundos, generalizados y temporales de las redes funcionales del cerebro. ¿Qué significa esto? Nuestro cerebro tiene una actividad basal incluso cuando no estamos haciendo ni pensando nada; hay una red neuronal que está trabajando por defecto. Sin embargo, con una sola dosis de esta droga esta actividad se desincroniza con el resto del cerebro y perdemos la noción del espacio, del tiempo y de nuestro propio «yo». Es como si dejaras de ser tú durante el tiempo que dura el efecto. Esta desincronización es la responsable de los efectos psicodélicos, pero desde el punto de vista clínico puede tener aplicaciones muy útiles. ¡Ya ves! La psilocibina entra en nuestro cerebro como un tornado y lo desorganiza todo. El campo de la neurobiología es increíble. En cuanto en Estados Unidos la FDA (la Agencia del Medicamento Estadounidense) apruebe el uso del MDMA para el estrés postraumático, se iniciarán los ensayos en Europa. Aunque la investigación va un poco más lenta, también han obtenido buenos resultados el LSD y la mescalina.

El reino animal también nos guarda alguna sorpresa, especialmente pequeña y colorida.

Debo a los documentales de La 2 mi pasión por los animales y su comportamiento. Cuando Félix Rodríguez de la Fuente nos acercaba la fauna y los aullidos del precioso lobo ibérico, yo aún era pequeña, pero crecí con las producciones de David Attenborough y Jacques Cousteau. Desde niña me llamaban la atención unas ranitas muy pequeñas, del tamaño de tu dedo meñique y con una piel brillante de colores muy vivos (quizá precisamente para llamar la atención). El narrador describía un potente efecto en la sustancia que recubría la piel de esos anfibios. Estas ranitas viven en Centroamérica y América del Sur y pertenecen a una familia conocida como *dendrobátidos*, aunque se les denomina popularmente *ranas doradas venenosas*, *ranas punta de flecha* o *ranas dardo*. Incluyen varios géneros con un total de más de doscientas especies, cada una de ellas con un regalito en su superficie. Las pumiliotoxinas constituyen una familia de unos ochenta alcaloides que no sintetizan ellas, sino que los obtienen de los insectos de los que se alimentan. Hay dos de estas ranitas que son las más llamativas y casualmente (o no) las más peligrosas.

La más mortífera es la rana dorada *Phyllobates terribilis*, de un intenso color amarillo. El nombre específico, ese «apellido» o segundo nombre que acompaña al nombre científico en zoología, es descriptivo y en este caso es evidente: *terrible*. Esta letalidad se debe a una de las pumiliotoxinas, en este caso la batracotoxina, un alcaloide que adquiere al alimentarse de unos escarabajos de la familia *Melyridae*. Esto significa que si criáramos en cautiverio estas ranitas, pero las alimentáramos con otros insectos, dejarían de ser venenosas. Con un gramo del veneno de su piel se pueden matar miles de ratones. De hecho, las tribus indígenas lo usaban para untar con él sus flechas e incrementar su letalidad. Si tenemos en cuenta su dosis letal tóxica, bastaría el peso de dos granos de sal de mesa para matar a un adulto de 68 kilos. Las ranas dardo combinan este alcaloide supertóxico con sus colores, no para cazar, sino precisamente para escapar de los depredadores (recuerda que los alcaloides son metabolitos secundarios y suponen para los seres vivos mecanismos de defensa). Cuando se sienten amenazadas, aflora esta toxina que, junto con el color brillante de su piel, hace que se refleje y se vea fácilmente, proceso conocido como *aposematismo*. Gracias a estos truquitos, se pueden permitir tener hábitos diurnos y moverse a sus anchas en vez de salir por la noche como hacen otros anfibios.

Si cometes la imprudencia de toquetear una de estas ranas en su hábitat natural, te encontrarás con que la batracotoxina es un alcaloide cardio y neurotóxico muy potente. Provoca contracciones musculares, paro respiratorio, paro cardiaco y, como resultado, la muerte. No hay ningún antídoto específico, pero resulta paradójico que uno de los venenos más potentes del mundo, esta vez de origen marino, la tetradotoxina del pez globo, pueda revertir el efecto provocado por este alcaloide, debido a que provoca efectos contrarios sobre los canales de iones que utilizan las neuronas para transmitir el impulso nervioso.

Si tienes internet, busca a la pequeña *Dendrobates azureus*, una ranita que vive al sur de Surinam cuyo color es lo más raro que vas a encontrar en la naturaleza porque, piensa..., a ver, ¿cuántos animales conoces que sean azules? La rana flecha azul tiene un color espectacular con manchas negras que describen un patrón único en cada individuo. Teníamos que mencionarla porque es una belleza (aunque bastante agresiva) y porque es la segunda rana más mortífera. En este caso, obtiene su veneno de las hormigas que ingiere.

Es posible que te hayas acordado de cierto episodio que ocurrió hace unos años y que ocupó muchos titulares de la prensa española, después de que un fotógrafo falleciera durante un ritual organizado por el productor y actor de cine porno Nacho Vidal en el cual ambos inhalaron una sustancia procedente de un sapo. Se trataba del sapo de Sonora (*Incilius alvarius*), característico del desierto de Sonora, entre Estados Unidos y México, y la sustancia era 5-MeO-DMT (5-metoxi-N, N-dimetiltriptamina), que emana de su piel. Esta molécula es tan alucinante (en el sentido estricto de la palabra) que algunos la llaman *la molécula divina*. Otros la describen como «un viaje en cohete al vacío» o como «la experiencia más aterradora que han vivido». El 5-MeO-DMT es un potentísimo alcaloide y junto con la bufotenina (5-HO-DMT), otro alcaloide, ha sido usado por los chamanes sudamericanos para sus rituales y medicina tradicional durante al menos cuatro mil años. En América del Sur, la única fuente eran las dos especies del género *Anadenanthera*, un tipo de legumbre. En América del Norte, tenían a este anfibio emanando 5-MeO-DMT por su piel. Estas dos moléculas forman parte de una familia de toxinas denominada *bufotoxinas*, producidas por muchos sapos de este género, otros anfibios e incluso algunas plantas como el eléboro. Algunas de ellas tienen potentes efectos en el corazón. Creo que muchos tuvimos la primera constancia de que había gente que se drogaba chupando un sapo por *Los Simpsons* y el glorioso meme de Homero con uno de estos anfibios.

Sea con plantas, animales u hongos, parece que, aunque el futuro es prometedor, aún hay mucho que comprobar y confirmar. Necesitamos cautela. Las microdosis que se han puesto de moda (ingerir entre el 5 y el 10% de la posología estándar de la droga psicodélica para obtener un beneficio sin que provoque efecto alucinógeno) no han demostrado eficacia y suponen un universo *underground* donde todo está muy poco controlado y debemos tener cuidado. El riesgo no es no poder salir..., sino ni siquiera entrar. Probablemente una molécula psicoactiva obtenida de una planta puede salvarte la vida... bien administrada, pero un ritual sin ningún control con una planta puede acabar con ella. Cero bromas con esto.

Bueno, después de ponerme seria con esta advertencia vamos a relajarnos un poco. ¿Un café?

Nombre común	Iboga
Nombre científico	*Tabernanthe iboga*
Usos populares	Planta utilizada en ceremonias religiosas en África. Estimulante para mejorar el rendimiento deportivo.
Usos confirmados por la ciencia	Potente alucinógeno. Se está estudiando su uso en la terapia de desintoxicación de opioides.
Curiosidades	Su uso como estimulante deportivo se explica porque es capaz de anular la sensación de hambre y de sed, pero esto la hace más peligrosa, ya que aumenta el riesgo de morir deshidratado.

2.3

DESPERTANDO EL DÍA: EL CAFÉ

Cuando charlamos con unos amigos, para entrar en calor en medio del invierno, en esas noches de estudio o de guardia o simplemente para desperezarnos recién levantados, tenemos un fiel compañero: el café.

Es una de las tres bebidas más consumidas del mundo, junto con el agua y el té, y es, de ellas, la de más reciente aparición en nuestra vida. Lo es porque, aunque hay constancia de la existencia del arbusto del cafeto de forma silvestre en los bosques de altura de Etiopía, de donde es originario, su consumo como bebida, tal y como lo conocemos en Occidente, se origina en el siglo XV. Y ¿cómo es así? Se puede explicar porque el procesado no es sencillo ni intuitivo, y francamente sin él no se nos antoja llevárnoslo a la boca. Las bayas de café sin procesar son como cerezas con una carne muy pequeña que tiene sabor a melón ácido.

Sin embargo, a las cabras, que no son tan remilgosas como nosotros, no les pasa lo mismo. Cuenta la leyenda que un pastor llamado Kaldi observaba cómo sus animales tenían unas energías renovadas cuando consumían el fruto rojo del cafeto. Y, ¿por qué no probar? Cuando lo hizo, experimentó los mismos efectos en su cuerpo. El pastor compartió su experiencia con unos monjes y ellos comprobaron también cómo los ayudaba a mantener la vigilia durante sus rezos. Habría que decir que este café no se parecía demasiado al que tenemos ahora en una cafetería, ya que era una simple infusión que se consumía sin ningún aderezo.

El arbusto del cafeto (género *Coffea* de la familia de las rubiáceas) crece en zonas tropicales porque necesita unos ciclos de luz y oscuridad de 12 horas, por eso es imposible plantarlo en zonas templadas donde la proporción de horas de luz y oscuridad varía a lo largo del año. Es una planta que no aguanta el calor y que necesita el mismo frío todo el año, puesto que tampoco tolera los cambios estacionales. Esto solo puede solucionarse de una manera: con montañas. El calor de las costas tropicales se compensa con la altura, por eso todos los países que producen café están en los trópicos, pero todos tienen montañas. De las más de cien especies diferentes de cafetos provenientes, en su mayoría, del África tropical y Madagascar, hay dos que predominan por encima de todas: la variedad *Arábica* (*Coffea arabica*, nativa de Etiopía) y la variedad *Robusta* (*Coffea canephora,* más conocida como *Coffea robusta*, originaria de África Occidental), con mayor contenido en cafeína. *Arábica* es la más cultivada desde la Antigüedad y representa la mayor parte de la producción de café. *Robusta* es más resistente, tolera peores suelos y peores condiciones y el sabor del café es más fuerte, con más cafeína y con un aroma a madera. *Arábica* es más suave y dulzona, con menos cafeína y con un aroma más afrutado.

El cafeto, la planta del café, produce unas bayas rojizas y amarillentas; una vez que se les quitan las capas externas, descubren un grano de café verde listo para su tueste. Es lo que se conoce como *despulpado*. Aquí volvemos a tener otro problema porque la maduración de cada grano es independiente y no lo hacen todos a la vez. Eso obliga a tener que recogerlos uno a uno... por eso el pobre Juan Valdez tenía que subir cada día al cafetal con su mula Conchita. Si como yo ya tienes cierta edad, igual te he evocado agradables recuerdos de la publicidad en televisión. Hemos crecido con Juan Valdez, que era simultáneamente el personaje y la marca del café de Colombia. Una vez cosechados los frutos, han de superar un proceso para obtener los granos que se van a tostar. Uno de los métodos, el «seco», es más propio de la variedad *Robusta* y los *Arábica* brasileños, y el «húmedo» o método de lavado y fermentación se realiza en el resto de los *Arábica* de mayor calidad. A partir de ahí se tuesta y se envasa en grano o se muele. Posteriormente se infusiona con agua según diferentes procedimientos y ya tenemos lista la bebida. A pesar de que la mayor producción es de *Arábica*, casi todo el café que encontramos en el supermercado es de la variedad *Robusta*, que es más resistente y barato de producir. Un café de calidad *Arábica* es bastante caro, y el fraude de dar *Robusta* por *Arábica*, demasiado frecuente.

Café o cafeto (*Coffea arabica*).

Debemos a los árabes su expansión y su nombre, que en castellano ha llegado del italiano *caffè*, y este a su vez del turco *kahve*, donde llegó del árabe clásico *qahwah*. También le debemos a los árabes el término *moka*, que viene del nombre de un famoso puerto de Yemen, para referirnos a la mezcla de café con chocolate. Pero su expansión no fue fácil. Las religiones, tanto el cristianismo en Europa como el islamismo en Asia y África, veían al café como una bebida subversiva capaz de fomentar el espíritu crítico y provocó importantes debates entre los siglos XV y XVII. Sin embargo, si el sultán de El Cairo o el papa Clemente VIII quedaban cautivados por la bebida, ya no había impedimentos para su consumo, y gracias a los europeos viajó de Europa a América a través de las colonias. Hoy en día, los principales exportadores de café en el mundo son Brasil, Vietnam y Colombia.

En 2022-2023 la producción mundial de café se cifró en más de diez millones de toneladas y constituye una fuente muy importante de ingresos y un motor para el desarrollo económico y social, por los intercambios comerciales que supone, para los países productores y las personas que se dedican a su cultivo. Se trata de un producto altamente consumido en el mundo en cualquiera de las culturas.

Sin duda alguna, los efectos psicoactivos del café, que nos mantienen despiertos y hacen que aumente nuestra concentración y atención, son parte de su éxito, y esto se debe a varias moléculas estimulantes del sistema nervioso central, presentes en la bebida una vez procesado el fruto o grano: la cafeína, la más conocida, pero también la ß-carbolina y el harmano.

¿Pero qué podemos decir del café y sus efectos para la salud?

Desde siempre el café ha estado asociado a leyendas sobre los perjuicios de su uso. Se ha dicho que es adictivo, cancerígeno o perjudicial para la piel. Si eres seguidor de la religión de Juan Valdez, no tienes de qué preocuparte. Más bien todo lo contrario...

Primera visión de la mañana: un buen café.

Cuando bebemos una taza de café, además de la cafeína, ingerimos más de ochocientas moléculas distintas. Agua, ácidos (clorogénico, quínico, cítrico, acético, málico, fosfórico, láctico, nicotínico, etc.), azúcares, minerales (como el potasio), lípidos, melanoidinas, péptidos, taninos, lignanos, antocianinas... y un largo etcétera. Creo que es una buena muestra de su complejidad y es esta, precisamente, la que puede darnos pistas sobre el alcance que su consumo puede llegar a tener en nuestro cuerpo.

Se están estudiando sus efectos protectores en distintas enfermedades, como cáncer (endometrio, próstata, mama, colorrectal e hígado), patologías cardiovasculares, afecciones relacionadas con el metabolismo (como la diabetes tipo 2 y el síndrome metabólico) y afecciones neurológicas (como las enfermedades de Parkinson, de Alzheimer y la depresión) y, aunque los resultados aún no son concluyentes, cada vez hay mayor evidencia científica de sus beneficios. De hecho, mientras estoy escribiendo esto, se ha publicado un estudio llevado a cabo en la Universidad de Wageningen (Países Bajos) que afirma que el consumo diario de 3-5 tazas de café está asociado con un menor riesgo de recurrencia de cáncer colorrectal y con menor mortalidad. Además, puede que esto te tranquilice: no se ha encontrado ninguna evidencia que relacione el consumo de café con alguna enfermedad. Es cierto que contiene moléculas que pueden ser tóxicas o cancerígenas consideradas individualmente, pero no en la cantidad en la que aparecen en una taza de café... ni en varias. De hecho, esto que dije se podría afirmar prácticamente de cualquier alimento.

Sin embargo, uno de los beneficios tradicionalmente atribuidos, como es su poder antioxidante, no parece tener evidencia científica aún. Es verdad que contiene muchos polifenoles que *in vitro* (en un tubo de ensayo) demuestran su poder, pero no está claro que *in vivo* (en animales vivos), después del proceso de digestión y metabolizados, estos antioxidantes sean capaces de hacer su trabajo. Parece ser que en este aspecto funcionan bastante mejor el té verde o el cacao sin fermentar. Ten en cuenta que el café sufre un proceso de fermentado y aquí probablemente pierde la mayoría de los antioxidantes.

La cafeína también se ha utilizado por vía tópica en dermocosmética, por lo que no es extraño verla formar parte de las moléculas activas en productos para este fin: protección solar, frente a la alopecia, la celulitis o las ojeras... Realmente puede ser prometedora en ese campo, pero aquí viene el balde de agua fría; lo cierto es que aún se requieren más estudios clínicos que avalen y expliquen su eficacia. La conocida actriz estadounidense Gwyneth Paltrow, que además es empresaria desde hace tiempo, fundó la compañía de bienestar y estilo de vida llamada Goop, famosa por comercializar productos y tratamientos basados en pseudociencia, sin evidencia de eficacia y reconocidos por la comunidad médica como nocivos o engañosos. Una buena campaña de marketing es llamar la atención, como dijo Salvador Dalí: «Que hablen de ti, aunque sea bien». Parece que Paltrow tiene fijación con las vaginas. Ha vendido velas que huelen a su vagina (solo por 75 dólares) que se agotaron al salir a la venta, baños de vapor vaginales (con luz infrarroja y vapor de artemisa para limpiar el útero), consoladores de 15 000 dólares y huevos de jade para el mismo sitio. Por cierto, en su defensa diré que cuando ideó su vela vaginal, estaba bajo los efectos de las setas alucinógenas del capítulo anterior (cuando decidió comercializarla, ¿también?). En cierto momento, promocionó el enema de café, a pesar de la ausencia de eficacia y de la evidencia de efectos secundarios potencialmente fatales. El café solo ha demostrado sus beneficios si es ingerido por la entrada del tubo digestivo, no por la salida. Si lo tomas al revés, puede ser muy peligroso por producir heridas, infecciones o deshidratación. En pseudomedicina son populares estos enemas como terapia frente a algunas enfermedades, y nuestra oscarizada actriz los ha vendido en su página web (a 135 dólares cada uno) como altamente depurativos. A ese precio, sientes como si te hubieran aplicado el enema antes de ponértelo.

¿Y sus contraindicaciones? Lo que podría ser una ventaja parece entrañar peligro: la cafeína. ¡Cuántas veces no nos dijeron: «No tomes café, porque sube la presión»! Pues de un tiempo para acá, las cosas no están tan claras. Según varios metaanálisis (un *metaanálisis* es una recopilación de los resultados de numerosos estudios sobre un tema), la cafeína causa un aumento corto pero drástico de la presión arterial, incluso en personas sin hipertensión; esa es la verdad, pero la razón no se conoce bien. La respuesta de la presión arterial a la cafeína varía de una persona a otra. Incluso parece ser que el consumo de café y la hipertensión podrían tener una relación inversa, esto es, el consumo de café estaría relacionado con una protección frente a la hipertensión. Sabemos que la cafeína es capaz de inhibir unas enzimas llamadas *proteínas fosfatasas*, que se encargan de quitar grupos fosfato de las proteínas. Estos grupos fosfato actúan como interruptores para activar o desactivar diferentes rutas de señalización dentro de las células, por lo que probablemente la cafeína interfiera en alguna ruta que regula el control de líquidos, y esto explica esta respuesta. No obstante, la agencia gubernamental de Estados Unidos que regula alimentos, medicamentos, cosméticos y otros productos, la Food and Drug Administration (FDA), dice que 400 miligramos de cafeína al día es, generalmente, una cantidad segura para la mayoría de las personas, sabiendo que una taza tiene entre 80 y 100 miligramos de cafeína. Y hay que recordar que la variedad *Arábica* tiene significativamente menos cafeína que la *Robusta*. Por tanto, las personas hipertensas deben ser más cautas respecto a la cantidad de café, de acuerdo con su sensibilidad, pero nada más.

No es una bebida indicada para menores de edad ni para algunos adultos más sensibles porque puede provocar irritabilidad y nerviosismo o alteraciones digestivas, aunque siempre hay que recordar lo que decía Paracelso, considerado el padre de la toxicología: «Todo es veneno y nada es veneno, solo la dosis hace el veneno». También hay que tener en cuenta que en la metabolización de la cafeína, al igual que pasa con el alcohol, están implicados diferentes genes para los que tenemos distinta variabilidad genética. Hay gente a la que más de una taza de café le provoca dolor de estómago y malestar, a otros una sola les quita el sueño y hay quien puede tomarse todo el café que quiera que ni le produce malestar ni le quita el sueño. Eso es debido al alelo del gen que les haya tocado, es decir, qué versión del gen tienen, si la que mejor metaboliza la cafeína o la que peor lo hace.

Y aquí viene otra complicación más en la narrativa. Acabo de advertir la incompatibilidad de niños y cafeína, ¿verdad? Pues ¿sabías que el citrato de cafeína se utiliza en bebés para combatir y tratar la apnea del prematuro?

Otra curiosidad que habrás experimentado si has salido de tu entorno. A pesar de vivir en un mundo globalizado, en cada ciudad hay que pedir el café de una manera diferente y en cada sitio estropean la idea original a su manera. Yo soy de Granada y allí pido una «manchada» (porque es mayoritariamente leche manchada de café), pero cuando llegué a Valencia no me entendían si no pedía un café con leche corto de café (porque lo normal es que el café con leche en Valencia sea café manchado con leche), o un «bombón», que es un café con leche condensada, y un «café del tiempo», que es un café en un vaso con hielo y limón cuando en mi tierra es un café con leche sin calentar. Y si lo complicamos un poco más, tenemos el *cremaet*, que es un café con ron, canela, corteza de limón, azúcar y dos granos de café tostado, que como su nombre indica (*cremar* es 'quemar') se queman para rebajar el alcohol y caramelizar el azúcar. Esencial para cualquier almuerzo en el Cabanyal, después de haberse tomado un bocadillo tamaño pata de elefante a las diez de la mañana.

Tampoco es buena idea el consumo de café torrefactado, ese tan popular en países como España. El torrefactado consiste en tratar los granos con azúcar para su tueste. En este proceso, la OMS advierte de la posible presencia de sustancias cancerígenas que se generan al quemar el azúcar a altas temperaturas, además de que estaríamos ingiriendo azúcares añadidos. Esto le da un color más oscuro y un sabor más fuerte al que muchos ya están acostumbrados. No es lo mismo añadirle azúcar o edulcorantes a la bebida infusionada que consumirlo solo. Para disfrutar de todos los beneficios, mejor deleitarse con su sabor amargo, porque el azúcar rápido, además de contener calorías vacías que acaban en el michelín, provoca caries.

Cremaet típico de Valencia.

Y, por último, tenemos el infusionado. Hay varios métodos, y entre ellos los más importantes los podríamos dividir entre los que no filtran el café y los que sí. Entre los que no, estarían la cafetera italiana, el café expreso de máquina y el café hervido (método turco y también tradicional en zonas rurales de España, donde se llama *café de pota* o *café de calcetín*). Y, por otra parte, los que sí, como el café filtrado o americano (en máquina o manualmente con el filtro de papel). Según algunos estudios, el mejor método para la salud sería, *a priori*, el que filtra el café. Y dejando de lado la forma más saludable, lo correcto para tomar el café sería prepararlo como una infusión, es decir, que el café más puro y original es el café de filtro, el que muchos puristas desprecian. Todo nos lleva al mismo sitio. El café expreso es un invento posterior, así como lo de añadir leche, azúcar o cualquier otro aderezo. La razón es que tomar café no filtrado (a partir de tres tazas) se asocia a aumentos de colesterol, y, según el tipo de infusionado, ese aumento puede ser mayor en los hombres o en las mujeres. Mediante un filtro de papel se podrían eliminar algunos diterpenos como el cafestol y el kahweol, que podrían ser los responsables de este incremento. Pero dije *a priori* por un motivo, y es que la realidad es más compleja de lo que queremos. Precisamente estos diterpenos podrían ser los responsables del efecto antiinflamatorio y anticancerígeno del café, lo que significaría que el café sin filtrar podría tener una mayor acción protectora que el filtrado. ¡Qué problema!

Si tú eres de las personas que tienen los niveles de hierro en sangre bajos, deberías saber que la cafeína disminuye la absorción del hierro, así que lo recomendado es que separes dos horas la toma de suplementos o alimentos ricos en este mineral de la bebida del café.

Mucho estamos hablando de la cafeína, pero ¿qué pasa con el café descafeinado? Hay que decir que no hay café libre de cafeína al cien por ciento, pero sí con una reducción muy significativa. Algunos de los beneficios del café con cafeína se mantienen en el descafeinado, pero sin el factor psicoactivo. Sin embargo, no hay que olvidar que algunos de los efectos positivos del café avalados por la ciencia se relacionan con la cafeína. Últimamente circula una noticia falsa por internet que dice que hay un sistema de descafeinado que deja moléculas cancerígenas y otro que no. Ni al caso, no es cierto. Todos los métodos son seguros. Últimamente está cobrando interés el cultivo de otra especie, *Coffea racemosa*. De forma natural tiene muy poca cafeína, por lo que puedes conseguir un café con niveles muy bajos de cafeína sin ningún proceso químico que pueda alterar el aroma. Una de las excepciones beneficiosas que presenta la cafeína la encontramos en unos prometedores estudios que atribuyen al consumo de café la reducción de los cálculos biliares, algo que no parece suceder con el descafeinado.

Llegados aquí creo que ya sabemos algo más sobre el café que lo podríamos resumir en: toma la variedad que mejor te siente, en infusión, filtrado, sin azúcar ni edulcorante y con cafeína si no te altera demasiado. Yo me voy a pedir una buena taza de arábica con leche y edulcorante en el centenario y literario Café Novelty en la plaza Mayor de Salamanca en buena compañía y a seguir soñando despierta.

¿Cuál quieres que te pida a ti?

Nombre común	Café
Nombre científico	*Coffea arabica*
Usos populares	Estimulante.
Usos confirmados por la ciencia	Estimulante. Posible efecto preventivo contra el cáncer colorrectal. Puede ayudar a subir la presión arterial.
Curiosidades	Durante mucho tiempo se pensó que el café podría ser cancerígeno y que su consumo podría ser peligroso. Parece que son mayores los beneficios que los perjuicios. Pero, ojo, también hay mucha pseudociencia. Un enema de café no sirve para nada.

2.4

POR SAN JUAN ESTA HIERBA VERÁS: EL HIPÉRICO

Que una planta se haya utilizado toda la vida no quiere decir que sea un remedio mágico ni que sirva para todo, ni siquiera que sea efectiva. Si alguien te dice que algo es muy bueno porque se utiliza desde hace más de mil años, le puedes decir que está utilizando lo que en filosofía se llama *falacia ad antiquitatem*, que apela a la tradición. Recuerda que en esos tiempos la gente se moría por una caries, una apendicitis o de vieja a los cuarenta años, así que muy bueno no puede ser. En el mundo de la fitoterapia tenemos muchos ejemplos de remedios muy antiguos que han demostrado ser realmente efectivos y otros que no. También tenemos casos en que ha habido que separar el grano de la paja, y algunos más curiosos, como que la ciencia ha encontrado que los remedios realmente efectivos existían, pero no coincidían con el conocimiento popular. Un ejemplo sería el hipérico.

El hipérico es una planta nativa de Europa, reconocible por sus llamativas flores amarillas. Su nombre científico es *Hypericum perforatum* y el común, hipérico o hierba de San Juan. Esta última denominación, que podría datar del siglo VI, quizá se debe a que florece en el comienzo del solsticio de verano, aproximadamente cuando estamos quemando las hogueras el 24 de junio, fiesta que el cristianismo convirtió en el aniversario del nacimiento de san Juan Bautista. Algunos autores de la Antigüedad afirmaban que el nombre venía de las manchas rojas que simbolizarían la sangre de san Juan y que suelen aparecer en las hojas el 29 de agosto, cuando se recuerda en el calendario la decapitación del santo. Por lo tanto, queda abierta la cuestión de si su nombre se debe al natalicio o a la defunción del Bautista. En la Edad Media, se extendió su uso por propiedades mágicas y protectoras, de ahí uno de los orígenes etimológicos en griego de su nombre: *hyper* ('sobre') y *eikon* ('icono'), ya que se colocaba sobre las imágenes para proteger de los malos espíritus o se quemaban ramas de hipérico como sahumerio (humo de una planta al que se le atribuyen propiedades mágicas o religiosas y que se utiliza para purificar) cuando la ciudad era azotada por las epidemias.

Esta planta aparece recogida en muchos libros de medicina de la Antigüedad. Hipócrates, Plinio el Viejo y Galeno la recomendaban como remedio antiinflamatorio o como forma de refrescarse, pero la descripción más completa la encontramos en el libro del farmacólogo y botánico Dioscórides *De materia medica*, un tratado ampliamente traducido que se convirtió en la principal farmacopea durante toda la Edad Media y el Renacimiento. Según él servía para tratar la ciática, quemaduras de la piel, como remedio contra la malaria, diurético o regulador de la menstruación en las mujeres. Además, «ahuyenta a los demonios porque los quema y los transforma en trigo».

¡Vamos, todo un superremedio a modo de navaja suiza! Frase para que recuerdes durante todo el libro: cuando algo parece que sirve para todo, nunca es así.

No fue hasta el siglo XVI, ya pasada la Edad Media, cuando Paracelso atisbó, sin tanto halo mágico, lo que sería su uso más extendido en la actualidad: «El árnica para los nervios», esto es, su aplicación para enfermedades psiquiátricas y, en concreto, la depresión. Es fácil de entender que una planta que contiene principios activos que podrían ser útiles en estos casos haya pasado desapercibida durante mucho tiempo. Aunque en los tratados antiguos de medicina ya se habla de la melancolía o de los estados de tristeza, no es hasta el año 1725 cuando el británico Richard Blackmore denomina este cuadro clínico con el nombre de *depresión*. Si en el siglo XXI seguimos quejándonos (y con razón) por la falta de atención y tratamiento para muchas enfermedades mentales, obviamente en un contexto social en que solo una minoría pertenecía a la clase alta no se podía distinguir si la tristeza entre la gente pobre, siervos o esclavos se debía a un problema psiquiátrico o a la dura vida que llevaban.

El hipérico (*Hypericum perforatum*).

Y sí, quizá el hecho de que contenga principios activos que tengan que ver con la depresión o con otros problemas psicológicos o psiquiátricos explica sus propiedades mágicas de «exorcisar» o «las luchas contra tensiones causadas por los remordimientos interiores». Ese es otro problema: que a muchas patologías psiquiátricas se les han atribuido causas sobrenaturales. Por ese mismo motivo, a la mayoría de las plantas que tienen propiedades psicoactivas o relacionadas con enfermedades mentales se les han otorgado propiedades mágicas, religiosas o sobrenaturales... Al final, todo está en el cerebro. También los ángeles y los demonios.

Pero esta hierba es una caja de sorpresas. Cuando empezó a estudiarse de forma sistemática se vio que el *Hypericum perforatum*, perteneciente a la familia Hypericaceae, es una especie herbácea de base leñosa. En los bordes de las hojas y en las puntas de los pétalos de sus flores amarillas, hay unas glándulas en forma de puntos que contienen hipericina, un pigmento antraquinónico (que tiene un esqueleto derivado del antraceno formado por tres anillos de carbono) que es el compuesto terapéutico más interesante de la planta y que, precisamente, la hace menos maravillosa de lo que parecía. Antes que nada, convendría recordar que no debes tomar esta hierba si tomas antidepresivos, ansiolíticos, barbitúricos, quimioterapia, inmunosupresores, estatinas, anticonceptivos, antigripales, narcóticos y anestésicos, medicamentos para las migrañas, antimicóticos, anticoagulantes, antivirales, anticonvulsivos, los mal llamados *protectores gástricos*, algunos medicamentos para el corazón... También produce fotosensibilidad cutánea y no se debe consumir ni en el embarazo ni durante la lactancia. A ver, siento aburrirte con esta lista, pero ¡cuántas veces hemos pensado que, como algo es natural y no es un medicamento al uso, no hace daño! Y ese es el problema, que en muchos casos el herbolario que te la vende no te va a avisar de eso y probablemente no venga con ninguna anotación ni precauciones, pero el hipérico sí tiene principios activos y funciona, y como cualquier cosa que causa efecto, también puede ser peligroso e interactuar con otros medicamentos. Ten cuidado con eso. Si lo que compras en una herbolaria llevara indicaciones de uso, como los productos de la farmacia, sería más largo que un catálogo.

A diferencia de otras plantas supuestamente medicinales, algunos organismos oficiales han avalado su uso. La Agencia Europea de Medicamentos (EMA) es una organización de la Comisión Europea descentralizada que se encarga de evaluar, autorizar, certificar y supervisar la comercialización de medicamentos en Europa. Pues bien, la EMA y la ESCOP (Cooperativa Científica Europea de Fitoterapia) aconsejan la administración a corto plazo por vía oral de esta planta para tratar estados depresivos leves o moderados y trastornos psicovegetativos, como ansiedad, agitación nerviosa, apatía, irritabilidad y melancolía en adultos y niños mayores de doce años. Incluso llegan a afirmar que el extracto de hipérico funciona de manera similar a como lo harían los antidepresivos sintéticos. O, dicho de otra manera, puede interactuar en tu cerebro con determinados neurotransmisores y contrarrestar los problemas con la serotonina, que se supone que es la causante de muchos síntomas asociados con la depresión.

Esto es sorprendente, porque parece tener el mismo mecanismo de acción que los antidepresivos que conocemos como *inhibidores selectivos de la recaptación de serotonina (ISRS)* para depresiones leves y con menos efectos secundarios. Pero como te dije al principio, «no todo lo que brilla es oro», y se trata de un remedio con muchas interacciones medicamentosas que nunca debería tomarse sin consultar a un médico, ya sea por esta razón o porque las enfermedades mentales han de tratarse con mucho cuidado por parte de los profesionales sanitarios.

Alegoría de la depresión.

Alguno de sus compuestos, de forma aislada, ha demostrado también en ensayos clínicos *in vivo* e *in vitro* su eficacia antiséptica y cicatrizante por vía tópica, y cualidades antiinflamatorias, antiespasmódicas o antivirales, entre otras, lo que viene a confirmar algunas de las propiedades curativas por las que se empleaba antiguamente.

En fin, aquí tenemos una hierba que se fue desprendiendo de sus efectos esotéricos para pasar a ser uno de los remedios basados en plantas más eficaces. Pero también tiene su lado oscuro. A pesar de ser una planta de origen europeo, se ha extendido al norte de África y a Asia Occidental, así como a otros lugares del mundo como América o Australia, donde se le considera una planta invasora. Y aquí viene lo más curioso. El hipérico aparece en muchos remedios de medicina tradicional china, lo cual confirma que en muchos casos la medicina tradicional china ni es tradicional ni es china, puesto que frecuentemente incorpora muchos remedios con hierbas de origen europeo o americano que solo llegaron a China en épocas muy recientes de la historia. En Occidente, con la moda de que todo lo oriental era bueno, nos llegaron el budismo, el hinduismo, la filosofía zen, la acupuntura, las hierbas chinas y las películas de Bruce Lee, todo en el mismo pack. Y eso trajo algunos problemas.

El hipérico no solo se menciona en tratados médicos, sino también en revistas científicas de criminología. Cuando doy alguna charla hablando de plantas y de polen (la estructura que engloba sus células sexuales masculinas) suelo contar un caso forense muy curioso que ocurrió en 2006. En esta ocasión, el polen de hipérico fue lo que permitió detener a un sospechoso (luego ya fue identificado por la víctima). Todo ocurrió a mediados de diciembre en Whakatane, una ciudad costera de Nueva Zelanda, por lo que era mediados de verano. La víctima se llamaba Mary y dormía en su habitación esperando que regresara su novio George de trabajar del turno de noche, por lo que había dejado la puerta de atrás abierta. En vez de su pareja, entraron dos intrusos con ánimo de robar. Tomaron algo de dinero, una bolsa, y uno de ellos entró al dormitorio y empezó a toquetear a Mary. Ella despertó sobresaltada, claro, y al gritar, los intrusos se asustaron y salieron corriendo, aunque Mary consiguió atrapar a uno por la chamarra y esta se le cayó. Él recogió la prenda y, en su huida, se restregó contra un arbusto de hipérico del jardín trasero que estaba cubierto de esas florecillas amarillas que asoman en verano. En apariencia todo salió bien para los chicos, que supuestamente no olvidaron nada en la casa que pudiera identificarlos. Sin embargo, sí se llevaron algo. En ciencias forenses se conoce como *principio de intercambio de Locard* al hecho de «dejar y llevarse siempre algo de la escena del crimen». Uno de los sospechosos fue arrestado y el análisis forense de su ropa mostró que era culpable. ¿Cómo se pudo saber analizando solo la ropa? Cuando observaron sus prendas, especialmente la chamarra y la playera, tenían un alto contenido en polen de hipérico. Y tú puedes pensar: «¿Y qué?». Pues muy sencillo. La mayoría de estos granos de polen todavía tenían sus contenidos celulares intactos y estaban en la ropa agrupados, lo que demuestra, junto con la gran cantidad encontrada, que no habían sido dispersados por el aire, sino que la transferencia había sido directa, vamos, en un restregón. El polen del hipérico de la casa de Mary era idéntico en color, forma, desarrollo y rango de tamaño al que se encontró en la ropa. El joven sospechoso era un estudiante, viejo conocido de la policía. Fue acusado de abuso sexual a una mujer, y robo, con una pena máxima potencial de siete años de prisión si lo declaraban culpable. Las pruebas obtenidas por el análisis forense de polen son, por su naturaleza, circunstanciales y normalmente no pueden usarse por sí mismas para condenar o para determinar la verdad. Sin embargo, en este caso esos resultados, junto con otras pruebas disponibles como la propia identificación del sospechoso por la víctima, sirvieron para declararlo finalmente culpable. No subestimes una muestra por muy pequeña que sea... Lo que tengamos debajo de una uña o un trocito de hierba que llevemos encima puede contener miles de diversos tipos de polen y, al menos, nos dirá tu localización con bastante exactitud.

Y hablando de análisis forenses con ADN, existen unos virus de ARN que en alguna etapa de su ciclo vital copian una cadena de ADN y la convierten en una de ARN. Esto es hacer que la información genética fluya en sentido contrario, y en su momento nadie lo creyó, pero les hizo ganar el Premio Nobel a los franceses Luc Montagnier y Françoise Barré-Sinoussi. En su momento, Montagnier fue un gran científico, luego se puso a decir tonterías sobre la homeopatía, el autismo y las vacunas y él solo acabó con su reputación, pero sus descubrimientos sobre estos virus fueron muy importantes. El más conocido es el VIH, causante del sida, pero el más frecuente es el del herpes zóster. Cuando tienes un herpes labial lo más habitual es que el médico te recete una pomada con un principio activo llamado *aciclovir* que, específicamente, interfiere en el ciclo vital de estos virus y evita que progrese, bajando la erupción (popularmente llamada *calentura*) que te puede salir en el labio. El coctel de antirretrovirales que le dan a la gente seropositiva de VIH actúa de forma similar, y así hemos conseguido que una enfermedad que en los noventa era mortal ahora sea una dolencia crónica, pero que permite una gran calidad de vida a la gente que la sufre... siempre y cuando no tomen hipérico. El hipérico interfiere con los medicamentos antivirales, por lo que, si tienes un herpes y te estás aplicando aciclovir, o estás en tratamiento contra el sida, una infusión de hipérico te puede anular el tratamiento, pero eso sí, de forma natural y de buena manera. Ya sabes que san Juan Bautista es el santo patrón de los libreros, impresores, editores, escritores y de los herreros, pero no es el santo protector frente a los virus.

Nombre común	Hipérico, hierba de San Juan
Nombre científico	*Hypericum perforatum*
Usos populares	Cicatrizante, antiinflamatorio, anticáncer.

Usos confirmados por la ciencia	Se puede utilizar en la terapia contra la depresión leve o moderada.
Curiosidades	El hipérico está presente en prácticamente todas las farmacopeas tradicionales del Viejo Mundo. Aparece en libros de medicina tradicional del este de Europa, árabes, chinos o indios, donde se le dan tanto propiedades medicinales como espirituales. Algunos autores sugieren que su nombre griego podría significar 'por encima del icono', haciendo referencia a que se ponía en los altares encima de la imagen.

3

VISTA. PLANTAS PARA VERTE MEJOR

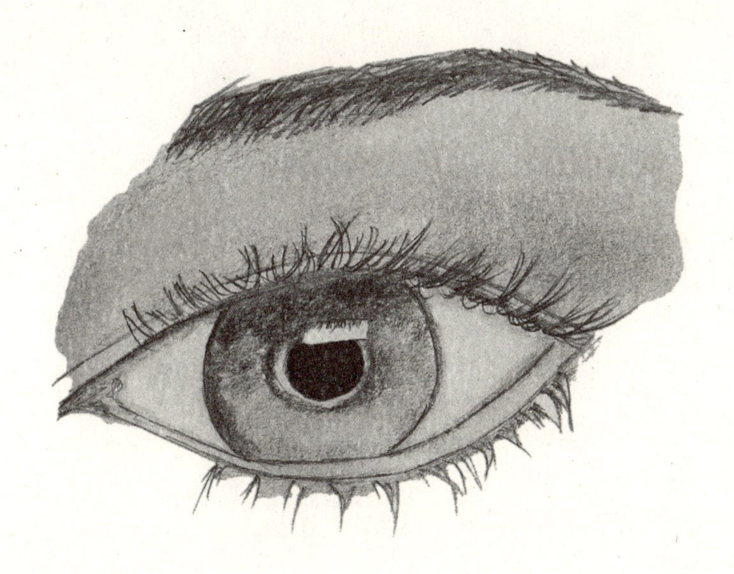

3.1

HERMOSA DAMA

Entre las solanáceas, vimos algunas plantas de brujas como el beleño, el toloache o la mandrágora, pero quiero dedicarle una atención especial a una planta que no es que sea hermosa, sino que «te hace» hermosa. Y ahora veremos por qué. Como las otras solanáceas del Viejo Mundo, aparece en muchos recetarios medievales como componente de

Belladona (*Atropa belladonna*).

pócimas y ungüentos, pero sigue siendo objeto de creencias, leyendas y fábulas de todo tipo. Al igual que la mayoría de los miembros silvestres de su familia, es una planta venenosa por su contenido natural de alcaloides. Estamos hablando de una planta herbácea llamada *Atropa belladonna*, nativa de Europa y Asia Occidental.

No llama la atención por nada en especial. Quizá lo más bonito que tenga (como muchas) son sus flores, ¿has visto flores feas? Yo tampoco, bueno, las de la coliflor, aunque eso no son flores, sino inflorescencias. Las flores de la belladona son fáciles de reconocer por su forma acampanada y color violáceo. Los frutos parecen aceitunas negras cuando están maduros. Ahí empieza el peligro para nosotros y para el resto de los animales, puesto que su sabor dulce es un riesgo añadido. Los pájaros son inmunes a estos alcaloides y no tienen ningún problema. Ellos son los que se encargan de comerse estas bayas y dispersar sus semillas con las heces. De hecho, los propios jugos gástricos de las aves facilitan la germinación de las semillas cuando caen. ¿No es fascinante esta especie de cooperación? Sin embargo, para nosotros, de cuatro a ocho bayas nos pueden matar.

Detalle del fruto de la belladona.

Está claro que el provecho que le podemos sacar a esta planta no es alimentario. En el antiguo Egipto fue usada como narcótico; en las orgías dionisíacas griegas, como afrodisiaco; en las ofrendas griegas a Atenea, diosa de la guerra y la inteligencia, para provocar el fulgor en la mirada de los soldados; en la mitología romana, para honrar a Belona, diosa de la guerra. En la antigua Roma, se cree que la emperatriz romana Livia Drusila usó el jugo de las bayas de la belladona para asesinar a su marido, el emperador Augusto. El uso de preparaciones de solanáceas en combinación con opio fue muy frecuente a lo largo de los Imperios romano e islámico como anestésico. Pero en la Edad Media, y con su aplicación formando parte de pócimas y ungüentos, su uso y difusión pasaron a ser secretos. Sus propiedades, lejos de ser mágicas, eran muy reales.

El nombre de *belladona* se lo debemos a las damas italianas ricas y cultas del Renacimiento que consideraban un rasgo de belleza tener las pupilas dilatadas. Una dosis adecuada de extracto de belladona conseguía sonrojar las mejillas y dilatar sus pupilas, pareciendo más bellas y con una mirada más hermosa. De ahí lo de belladona, que significa 'mujer hermosa'. A mí, que me gustan los ojos claros, no estoy segura de que me gustara más la pupila dilatada, porque si el iris tiene un precioso color, quedaría enmascarado por la oscuridad de la pupila... no sé. Me recuerda a la canción *Ojos de gata* de Los Secretos, que empieza con la misma estrofa escrita por Sabina para *Y nos dieron las diez*.

Su nombre científico, como la mayoría de las especies, nos da mucha información: *Atropa belladonna*. Su denominación genérica *Atropa* se la dio Linneo en honor a una de las tres parcas, las tejedoras de la mitología griega que simbolizaban el destino. Cloto ('hilandera') hilaba la hebra de la vida; Láquesis ('la que sortea') determinaba cuánto vivía una persona, y la mayor, Átropos ('la implacable'), acababa con la vida cortando la hebra con sus tijeras. Así que su nombre en latín sería algo así como mujer hermosa que trae la muerte. Qué ironía.

Es completamente cierto. Sus propiedades narcóticas se deben a alcaloides como la hioscina (también llamada *escopolamina*) y la hiosciamina. En general, una dosis intermedia de belladona por vía oral puede generar alucinaciones, lo mismo que el beleño, la mandrágora o el toloache. Y ese es el motivo por el que la usaban las brujas. Pero en dosis más elevadas, sus efectos pueden generar la muerte casi instantánea.

De los alcaloides presentes en la belladona, la molécula más interesante desde el punto de vista farmacológico es la atropina. Administrada en pequeñas dosis provoca la contracción de la musculatura lisa, y de ahí el efecto de dilatar la pupila. ¿Cómo consigue esto? La atropina es un antagonista competitivo del receptor muscarínico colinérgico. Suena muy raro, lo sé, pero vamos a explicarlo. En bioquímica, *antagonista competitivo* quiere decir que se parece a la molécula fisiológica y compite con ella por el sitio de unión, solo que cuando se une, en vez de activar, inactiva. Por lo tanto, si aumentamos la dosis de las moléculas fisiológicas podemos contrarrestar su efecto. Quédate con esto. El tipo de receptores afectados por la atropina tienen que ver con el sistema nervioso parasimpático, que controla todos los actos involuntarios. Por eso la atropina tiene utilidad cuando vas al oftalmólogo y quiere explorarte la retina. Unas gotas en el ojo hacen que se inhiban las señales del cerebro que controlan los receptores en los músculos que contraen la pupila por la luz, por lo que esta se queda abierta y así es más fácil para el especialista examinarte, aunque luego tienes que irte a casa con lentes de sol porque eres medio vampiro. Por cierto, en el Renacimiento las damas que lo utilizaban, una de tres: o se lo ponían de noche, o la luz era muy pobre, o alguna acabaría con la retina perjudicada.

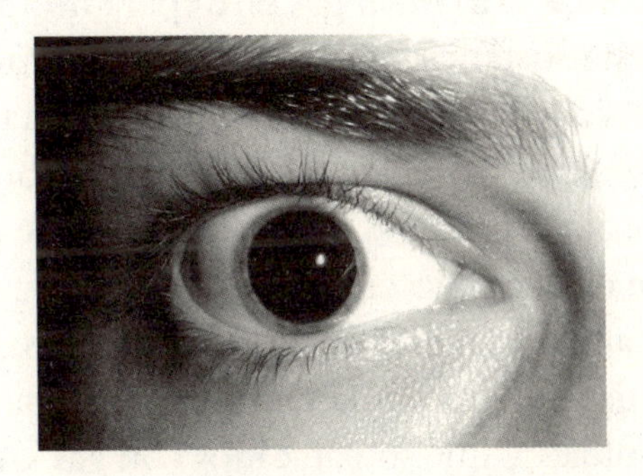

Midriasis (dilatación de la pupila).

Pero la atropina inyectada tiene otra función mucho más radical. La secta japonesa denominada Verdad Suprema, liderada por Shoko Asahara, fue responsable del ataque con gas nervioso en el metro de Tokio en 1995. Químicamente, el gas sarín, también llamado GB, es un líquido inodoro e incoloro formado por una molécula llamada *metilfosfonofluoridato de O-isopropilo*, es decir, un compuesto organofosforado. Este producto químico se absorbe por la piel con mucha facilidad y es capaz de inhibir una enzima en concreto, la acetilcolinesterasa. Esta enzima se encarga de degradar el neurotransmisor acetilcolina, con el que compite la atropina. Si inhibimos la enzima que degrada este neurotransmisor, la señal que envía el cerebro se queda activada todo el tiempo, como una alarma que no dejara de sonar a pesar de que ya has cerrado la puerta del congelador. Si esto pasa en el sistema nervioso autónomo, empiezas a sudar, tus pupilas se cierran, tu corazón pierde el ritmo de latidos, empiezas a tener espasmos y te mueres. Podríamos decir que este gas nos hackea las funciones nerviosas autónomas hasta que nos morimos, de forma muy rápida y dolorosa. Solo hay una posibilidad de salvarnos si entramos en contacto con este gas, y la palabra mágica es..., repite conmigo: *antagonista competitivo*. Si te inyectas atropina, competirá con el gas sarín para inhibir los receptores que esta sustancia está activando, y así tus funciones fisiológicas volverán a su sitio, y si mientras tanto tu cuerpo ha conseguido degradar el gas, puedes sobrevivir. Si alguna vez te atacan con gas sarín, lo único que puede venir a rescatarte es una inyección de extracto de la bella mujer que te mata, pero en esta ocasión, te puede salvar la vida. Si te acuerdas de la película *La roca*, la atropina es lo que llevan los soldados que son atacados con gas sarín y gracias a ella se salva Nicolas Cage, lo cual hace que el mundo sea un lugar mejor, al menos para sus seguidores (como yo).

Nombre común	Belladona
Nombre científico	*Atropa belladonna*
Usos populares	Embellecedor, veneno, narcótico.
Usos confirmados por la ciencia	Hiperexcitador del sistema nervioso central (SNC), dilatador de la pupila (atropina).
Curiosidades	Su papel como hiperexcitador del SNC ha hecho que la belladona se utilice de forma experimental para tratar diferentes enfermedades como el párkinson, el colon irritable o espasmos en el sistema respiratorio. En la mayoría de los casos, la toxicidad no compensa los beneficios.

3.2

EL MITO DE LA ZANAHORIA Y OTRAS PLANTAS QUE NO SON MITOS

No siempre las zanahorias fueron naranjas. Actualmente contamos con más de cincuenta subespecies y variedades de zanahorias repartidas por todo el mundo. La que me como a mordidas entre comidas o le ponemos a los guisados es *Daucus carota* subsp. *sativus*, que es la forma domesticada de la silvestre *Daucus carota*. Nos comemos la raíz de esta planta

La zanahoria (*Daucus carota*).

que empezó a cultivarse hace más de dos mil años en Asia Central. En aquel momento eran amarillas y ricas en luteína, un pigmento vegetal con actividad antioxidante que protege a las plantas del exceso de radiación solar. También es el que da color a la yema de huevo, aunque te recuerdo que los animales no podemos sintetizarlo y que únicamente lo obtenemos de la dieta a través de frutas y flores de color amarillo anaranjado y vegetales de hojas.

Las zanahorias naranjas vendrían más tarde y lo hemos descubierto gracias al arte, en concreto, la pintura. En el siglo XVI Holanda era el mayor productor de esta hortaliza en el Viejo Mundo. Parece que los botánicos holandeses, antes de que les diera por el cultivo de tulipanes (qué problemón les esperaba un siglo después), tuvieron un ataque de patriotismo y cruzaron las variedades de zanahoria para obtener finalmente una cuyo color fuera el de la casa real de Orange: naranja. Obviamente, esta variedad, viniendo de los mayores productores, fue la que se impuso y es la que todos conocemos hoy. Este hecho es un poco controvertido, porque hay una copia del libro de farmacopea *De materia medica* de Dioscórides, del siglo VI, en el que aparece una ilustración que representa una zanahoria de color naranja. ¿Es una zanahoria? Pues es complicado estar seguros, porque en una ilustración es muy difícil distinguir una zanahoria de una chirivía, cuya parte comestible era muy parecida, sobre todo si hablamos de variedades antiguas.

Hay un dato que nos hace pensar que las zanahorias naranjas eran muy extrañas hasta que los holandeses desarrollaron esta variedad para celebrar su victoria contra los españoles y la restauración de la casa de Orange. La palabra que utilizamos para definir el color naranja hace referencia, precisamente, a la fruta. Ni en griego clásico ni en latín existía un nombre para el color naranja, puesto que no era un tono frecuente, y las naranjas no empezaron a cultivarse, como plantas ornamentales, hasta la llegada de los árabes a Europa. Si en el siglo VI las zanahorias naranjas hubieran sido un alimento corriente o la variedad más popular, hoy le llamaríamos *zanahoria* al color naranja.

Por todo el mundo es sabido que la zanahoria es rica en carotenos (cuyo nombre precisamente viene de *carota*), que son los pigmentos que aportan color anaranjado. En las plantas participan en la fotosíntesis, así que hablamos de moléculas muy importantes para su desarrollo y crecimiento. Entre estos carotenos destacan el ß-caroteno y el α-caroteno. El ß-caroteno o provitamina A es un precursor de la vitamina A, también llamada *retinol* por su importancia y los beneficios que proporciona a la vista (que es la bondad de la zanahoria que todo el mundo conoce). De hecho, el retinol es imprescindible para la síntesis de rodopsina, molécula implicada en la visión nocturna. Pero además la vitamina A es esencial para el sistema inmunitario, la reproducción, el crecimiento y el desarrollo y buen funcionamiento de órganos como el corazón o los pulmones. Es decir, ¡toma vitamina A!

Que la zanahoria tiene un precursor de la vitamina A y que esta es necesaria para la vista está claro, pero realmente estos beneficios digamos que se han exagerado un poquito, y el motivo es estratégico.

Te cuento.

1940. Segunda Guerra Mundial. La Luftwaffe, fuerza aérea de la Alemania nazi, bombardeaba de manera continua diferentes ciudades inglesas, entre ellas Londres, en una operación conocida como *Blitz* ('relámpago' en alemán). John Cunningham, de las Fuerzas Aéreas Reales Británicas (RAF), era el capitán del escuadrón 604, dotado con un nuevo sistema de radar aéreo (el *airbone interception*) que permitiría derribar al enemigo alemán. El dispositivo era *top secret*, así que el Ministerio de Propaganda británico (sí, leíste bien) difundió el falso rumor de que los pilotos eran capaces de detectar los aviones de noche gracias a que las zanahorias agudizaban su visión nocturna. Realmente el mérito era del radar, pero no querían que eso se supiera. La radio y unos dibujos animados con forma de zanahoria y papa ayudaron a popularizar el mensaje. Y tanto fue así que los británicos comieron más zanahorias que nunca, pensando que se podrían orientar mejor durante los apagones. Verdad o no, lo cierto es que el capitán Cunningham llegó a abatir una veintena de aviones de la Luftwaffe y solo uno fue durante el día. Los diecinueve restantes cayeron por la noche, así que el capitán fue conocido como Ojos de Gato. Digamos que las zanahorias no tuvieron mucho que ver. Como curiosidad, uno de los científicos que participó en el desarrollo del radar fue Francis Crick, que después de la guerra ganó el Premio Nobel por describir la estructura en doble hélice del ADN,

John Cunningham, conocido como Ojos de Gato.

lo que nos ha ayudado, entre otras muchas cosas, a estudiar en detalle la biología de muchas plantas de las que hablo en este libro.

La zanahoria no solo es un alimento rico en provitamina A, sino que es fuente de vitamina B1 (tiamina), vitamina B2 (riboflavina), vitamina B3 (niacina), vitamina B5 (ácido pantoténico), vitamina B6 (piridoxina), biotina y folato (muy conocido por las mujeres que prevén quedarse embarazadas para prevenir la espina bífida en el bebé) y otras vitaminas como C, K y E. Pero también tiene minerales como calcio, magnesio, hierro, fósforo, potasio, sodio, zinc, cobre y manganeso.

La verdad es que si nos comiéramos 100 gramos de zanahorias al día, tendríamos cubiertas las necesidades diarias recomendadas de ß-caroteno en un 81%. Un alimento barato y muy sano que nos evita problemas oculares. ¡Estupendo! En el Sudeste Asiático no tienen tanta suerte. En estas regiones, el alimento mayoritario para 800 millones de personas es el arroz. Está muy rico (vivo en Valencia, así que aquí se come de todas las formas posibles), pero tiene algún problemilla nutricional como poco hierro disponible, muy poca lisina, que es un aminoácido esencial, o que no tiene ß-caroteno (sí tiene, pero no en la parte comestible del arroz). Esta carencia en provitamina A ocasiona xeroftalmia o ceguera seca, la causa más frecuente de ceguera infantil derivada de la deficiencia de vitamina A. Se calcula que entre 250 000 y 500 000 niños se quedan ciegos cada año debido a una deficiencia de vitamina A. La mitad de estos niños fallecen menos de un año después de haber perdido la vista.

La FAO, a finales de los ochenta, llegó a decir que el problema podría resolverse generando una variedad de arroz que fuera rico en ß-caroteno. La biotecnología vegetal, mi área de especialización, dio en el año 2000 un paso al frente publicando un estudio científico que descubría que unos investigadores, Ingo Potrykus y Peter Beyer, habían conseguido por ingeniería genética un arroz dotado de las enzimas necesarias para sintetizar ß-caroteno, con una maquinaria molecular para sintetizarlo de la que no disponía hasta entonces este cereal. Nació el arroz dorado o *golden rice*, de color amarillo anaranjado debido al caroteno. Posteriormente los mismos investigadores crearon un nuevo arroz con mayor contenido en ß-caroteno, de manera que una taza proporcionaba el 60% de las necesidades diarias. A pesar de numerosos estudios publicados a lo largo de más de veinte años que avalan su biodisponibilidad y seguridad, grupos ecologistas se han opuesto durante años a este alimento que puede salvar la vida de millones de niños porque (a) según ellos, hay alimentos suficientes para todos y la agricultura ecológica es la que va a dar de comer al mundo, cosa que no se creen ni ellos ni nadie, (b) se oponen radicalmente a la liberación de transgénicos al medioambiente y (c) apelan al principio de precaución, dudando de la seguridad a largo plazo y mintiendo descaradamente cuando dicen que no hay consenso científico al respecto. FALSO. No dan una. Todo este sinsentido, que únicamente ellos son capaces de sostener y defender, hizo que en 2016 más de cien premios Nobel firmaran una carta pidiendo la aprobación y acusando a Greenpeace de estar cometiendo con su rechazo sin respaldo científico «un crimen contra la humanidad». Casi veinte años después, en 2021, se ha aprobado por primera vez en el mundo su cultivo y ha sido en Filipinas. La primera siembra ha dado como resultado una cosecha de más de cien toneladas de arroz que será molido para su distribución en hogares de provincias seleccionadas del país, en los que hay niños en edad preescolar en riesgo de deficiencia de vitamina A y desnutrición, así como en hogares con madres embarazadas y lactantes. Aunque de momento solo lo puede cultivar Filipinas, su consumo ya ha sido autorizado además en Australia, Nueva Zelanda, Canadá y Estados Unidos. ¡Cuánto me alegro! Después de tanto tiempo y mucha batalla, millones de personas podrán disponer de un producto humanitario, libre de patente, que evitará la muerte de millones de niños. La alegría me duró unos cuantos capítulos de este libro... Cuando ya había escrito este, se publicó una noticia que me llevó a tener que actualizar la información. Por desgracia, un juez suspendió en Filipinas la cosecha de este año a instancias de una demanda de Greenpeace. Esto provocó que los agricultores que decidieron sembrarlo perdieran su cosecha y por tanto sus ingresos, al margen de que ya no podrá aportar ningún beneficio nutricional a la población más susceptible. Acuérdate de esto la próxima vez que te aparezca un video en YouTube de Greenpeace.

En paralelo al arroz dorado, se han desarrollado una batería de cultivos enriquecidos en vitamina A que le harán compañía al arroz dorado en un futuro. Ya tenemos maíz, naranja, plátano y yuca dorados obtenidos por diferentes procedimientos, pero todos igual de sanos, saludables y, sobre todo, seguros si llegan a comercializarse. El plátano dorado ya se está sembrando en Uganda. Si no te habías enterado es porque Greenpeace no ha hecho campaña en contra... no tiene tanto gancho comercial.

Nunca hemos comido mejor que ahora, así que come de todo, tú que tienes todo tipo de alimentos a tu alcance.

Nombre común	Zanahoria
Nombre científico	*Daucus carota*
Usos populares	Aumentar la capacidad visual.
Usos confirmados por la ciencia	Buena fuente de vitamina A.
Curiosidades	A pesar de que su cultivo llegó de forma tardía a Europa, es cierto que los romanos conocían las plantas silvestres. En un naufragio romano se encontró una cajita metálica llena de semillas de zanahoria. Esto hizo pensar a los arqueólogos que se utilizaría con fines afrodisiacos. No lo intentes. No funciona.

4

PULMONES. PLANTAS QUE TE DAN AIRE

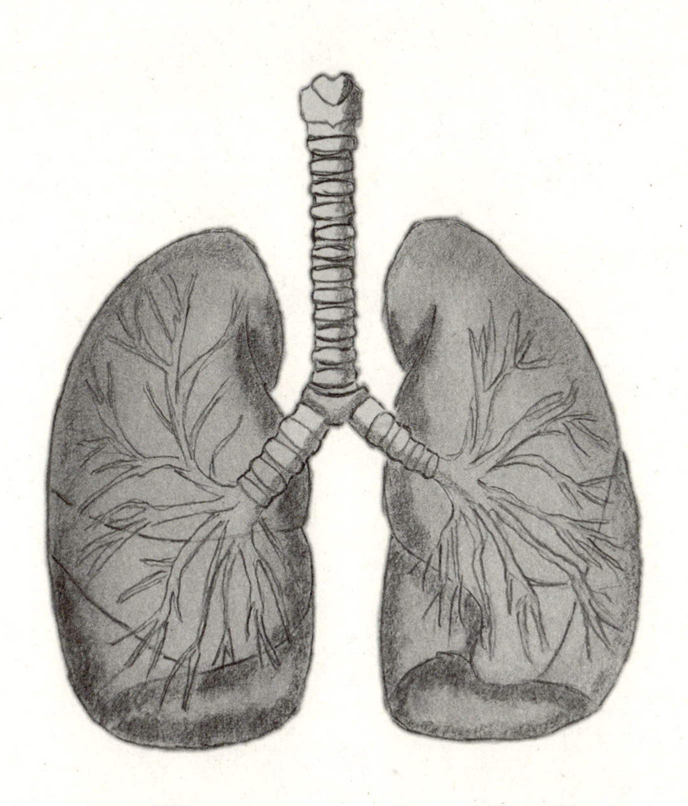

4.1

LA FLOR JAPONESA QUE HACE FRENTE A LA GRIPE

Las plantas enferman como nosotros. También les sube la temperatura si se estresan y las afecta una infección vírica o bacteriana hasta el punto de poder morir si su defensa o ataque frente al patógeno no resulta suficiente. Por ello, a pesar de no poder huir en un momento dado, han desarrollado estrategias para defenderse y, entre ellas, como ya sabes, muchas moléculas que nosotros hemos sabido aprovechar con distintos fines.

En las plantas (y también en bacterias, algas y algunos hongos, pero no en animales) hay una ruta metabólica muy compleja e importante que sirve para sintetizar tres aminoácidos de los que llamamos *esenciales*, es decir, aquellos que necesitamos para vivir, pero que como no podemos sintetizar nosotros mismos debemos incluirlos en la dieta. Son tres aminoácidos aromáticos. Lo de *aromático* no quiere decir que huelan bien, ya que posiblemente no lo hagan. En química se llama *aromáticas* a las moléculas que contienen en su estructura un anillo de benceno, formado por seis átomos de carbono y que tiene la particularidad de tener tres dobles enlaces deslocalizados por todo el anillo, lo que le da a la molécula una estructura plana. Lo contrario de una molécula aromática no es apestosa ni inodora, sino alifática.

Como te decía, esta ruta metabólica de las plantas sirve para sintetizar tres aminoácidos aromáticos: la fenilalanina, la tirosina y el triptófano. El triptófano igual te suena familiar porque es crucial para la producción de serotonina y melatonina, neurotransmisores claves para el bienestar emocional, mental y tener un sueño reparador. Hay una conocida marca de leche suplementada con triptófano que te ayuda a conciliar el sueño, aunque, entre tú y yo, cenar pavo, pollo, salmón o atún tiene el mismo efecto. Si eres de los que prefieren cenar ligero, un plátano también sirve.

A lo largo de esta ruta metabólica se producen otras moléculas fundamentales para las plantas; algunas son de defensa frente a herbívoros, pigmentos, hormonas, de protección frente a las radiaciones solares, etc. Esta ruta nos ha dado mucho en qué pensar a los que nos dedicamos a la biotecnología vegetal. Precisamente, al ser exclusiva de las plantas, nos ha permitido diseñar antibióticos y herbicidas que no tendrían efecto alguno en animales. ¿Te suena el glifosato? Es el herbicida más utilizado en el mundo. Pues el glifosato compite con una de las moléculas que se necesitan para iniciar la ruta, así que, al bloquear el inicio de la ruta, inhibe la síntesis de todo lo que viene detrás, incluidas las moléculas necesarias para la vida, entonces mata a la planta y, como es una ruta bioquímica que no existe en animales, su toxicidad es muy baja.

Como ya mencionaba, esta ruta de síntesis de aminoácidos aromáticos es conocida como *ruta del ácido shikímico*. Este nombre deriva de la flor del shikimi japonés (*Illicium anisatum*), fuente natural de la cual fue extraído por primera vez, aunque está presente en otras especies. Del anís estrella (*Illicium verum*), un hermano del anterior, científicos de la farmacéutica especializada en antivirales Gilead Sciences obtuvieron en los años noventa el oseltamivir, principio activo de uno de los medicamentos más importantes de nuestra historia reciente, comercializado por Roche como Tamiflu (o por la empresa Procaps como Tazamir en Colombia). Este principio activo fue aprobado para uso médico en Estados Unidos en 1999. Su mecanismo de acción es inhibir la neuraminidasa, de hecho, fue el primero con este efecto disponible por vía oral. Pero ¿qué hace exactamente? Esta molécula es fundamental para la liberación y propagación del virus de la gripe, así que bloqueando esa molécula se evita que el virus vaya correteando por nuestro tracto respiratorio y se vaya propagando, de manera que ayuda a aliviar los síntomas de este proceso vírico.

Hay gente que puede opinar que una gripe es prácticamente un resfriado, y en personas sanas es cierto que no debe haber problema y por lo general mejoran por su cuenta. Sin embargo, en otros sectores de la población, como bebés, ancianos, embarazadas, enfermos crónicos o inmunodeprimidos, el riesgo es mayor y esta enfermedad y sus complicaciones pueden ser fatales.

Frutos secos y semillas del anís estrella (*Illicium verum*).

El Tamiflu resultó ser aparentemente eficaz ante la pandemia de la gripe aviar del Sudeste Asiático en 2005, y por eso varios gobiernos, incluidos los de Estados Unidos,

Reino Unido, Canadá, Israel y Australia, almacenaron grandes cantidades de oseltamivir, en previsión de una posible pandemia. Esto provocó escasez mundial del medicamento, impulsada por la gran demanda, que superaba la capacidad de producción.

Recuerda que el ácido shikímico es el ingrediente primario del oseltamivir y que la fuente industrial era una planta. Probablemente por este motivo, afortunadamente, se desarrolló una vía alternativa para sintetizarlo y fue a través de la tecnología del ADN recombinante en *Escherichia coli*. Para llevar a cabo esto, lo que hacemos es que una bacteria común, de fácil y rápido crecimiento y manipulación, produzca exactamente esa molécula que necesitamos. No una parecida, sino *esa*, la que se obtendría de la fuente original. Esto es justo lo que conseguimos en los años ochenta cuando dejamos de obtener la insulina del páncreas de los cerdos e hicimos que nuestra insulina humana produjera esa bacteria, lo que convirtió este tratamiento para la diabetes, del cual dependen millones de personas, en un fármaco eficaz, seguro, abundante y económico.

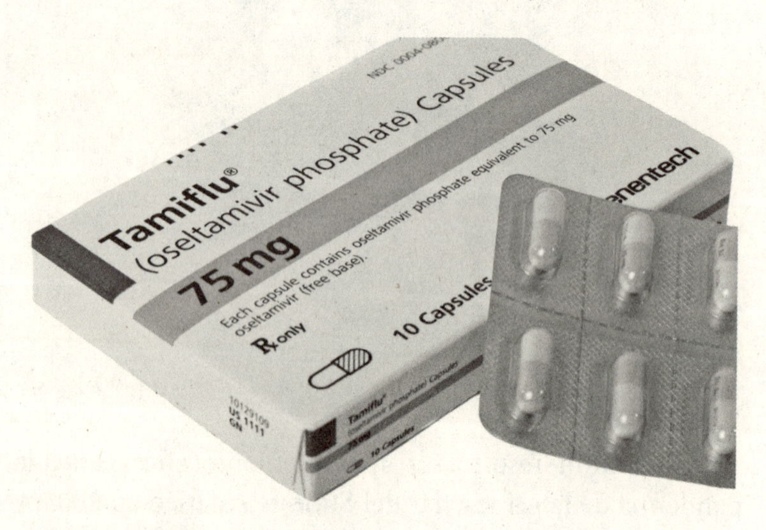

Tamiflu, cuyo principio activo es el oseltamivir.

Como te acabo de contar, el oseltavimir funcionó muy bien en su momento, se volvió fundamental y pasó a engrosar la lista de los medicamentos esenciales de la OMS, pero ya sabes que uno de los mecanismos de evolución que tienen los virus para seguir existiendo y no extinguirse es mutar. Alfa, beta, gamma, delta, épsilon, eta, iota, kappa, zeta, mu... y la navideña ómicron son letras del alfabeto griego, sí, pero también variantes del SARS-CoV-2, el responsable del COVID-19 que nos ha tenido a todo el planeta en jaque. En el tiempo que ha durado la pandemia, el virus ha estado mutando continuamente dando lugar a todas estas variantes (y linajes y sublinajes, pero no nos vamos a complicar ahora).

Con el tiempo, las diferentes versiones del virus de la influenza empezaron a generar resistencia al oseltamivir. Pero hubo otro problema. En 2009, ante otro brote de gripe aviar, volvieron a comprarse millones de dosis de este medicamento. Y aquí aparecieron los contratiempos. La fundación Cochrane, que se encarga de evaluar toda la información publicada sobre un tratamiento para cuantificar su validez, alertó de la alarmante falta de estudios sobre la eficacia del Tamiflu. De hecho, algunos de los metaanálisis en los que se basó su autorización hacían referencia a análisis clínicos que no se habían publicado. Roche había llevado a cabo diez ensayos clínicos, pero por algún motivo solo había difundido los resultados de dos de ellos. En un movimiento novedoso, Roche cedió a los investigadores de la fundación Cochrane los datos que no había hecho públicos. Y ahí estaba el problema. Los estudios no publicados (ocho frente a dos) no encontraban ningún efecto beneficioso en el uso del Tamiflu. Esto es un ejemplo de lo que en ciencia se llama *falacia de publicación*, que sucede cuando publicas lo que te interesa y escondes lo que te contradice. Por lo tanto... no parece que vaya a haber mucha demanda de anís estrella en el futuro. Y esto, unido a los efectos secundarios derivados, hizo que el Tamiflu siguiera en la lista de esenciales para la OMS, pero relegado a «complementario» en 2017, con un asterisco que indica su uso para «enfermedad severa en pacientes hospitalizados graves donde se sospeche o confirme la infección por influenza».

A las dudas sobre su eficacia contra la gripe se unían algunas evidencias sobre efectos secundarios adversos. Nos tenemos que remontar prácticamente al principio, cuando el Tamiflu empezó a comercializarse a gran escala. Y nos vamos a fijar en Japón, más que nada porque es el país del mundo donde más se prescribe y se consume el 60% de la producción mundial. Por lo tanto, es lógico pensar que la farmacovigilancia en una población tan numerosa nos va a dar información relevante. Así fue como se observó que podían aparecer efectos adversos neuropsiquiátricos peligrosos, incluidas a veces las autolesiones que pueden llegar a ser graves. Convulsiones, disminución del nivel de consciencia, alteraciones del comportamiento, alucinaciones y delirio, todos ellos síntomas que, a decir verdad, se presentaban con mayor frecuencia en niños y adolescentes, ¿quizá porque la población en este tramo de edad lo tomaba más? El resultado fue que el Ministerio de Salud de Japón, así como la FDA y posteriormente agencias reguladoras de otros países, cambiaron la etiqueta del Tamiflu para que reflejara efectos secundarios neuropsiquiátricos. En España, la Agencia Española del Medicamento (AEMPS) indica en el prospecto, textualmente: «Efectos raros pero graves: consiga ayuda médica inmediatamente», y menciona los que te conté antes, incluyendo la «autolesión con desenlace mortal», un eufemismo del *suicidio*. Sí, ha ocurrido varias veces. Lo que me llama poderosamente la atención es que en el mismo prospecto indica que «estos acontecimientos neuropsiquiátricos también se han comunicado en pacientes con gripe que no estaban tomando Tamiflu». La realidad es que, aunque al principio se dijo que no, en un estudio del Ministerio de Salud, Trabajo y Bienestar de Japón que evaluó diez mil niños que habían tenido gripe desde 2006, se vio que sí había una relación entre la toma del fármaco y el comportamiento anormal, y entre este y graves lesiones o muerte en aquellos que lo tomaron. Es verdad que desde 1999 se ha utilizado para tratar a más de 50 millones de personas, pero mientras continúe ahí, en las farmacias, la Agencia Europea de Medicamentos vigilará de cerca los informes de seguimiento de Japón. Estos estudios siempre hay que tomarlos con cautela, porque *correlación* no quiere decir *causalidad*, ya que puede que hubiera algún tipo de relación entre los pacientes de gripe y la mayor incidencia de autolesiones, pero que no tuviera que ver con el Tamiflu. Por poner un ejemplo, si te vacunas, y al salir te atropella un coche, la vacuna no provocó el accidente, aunque las dos cosas hayan pasado una a continuación de la otra. También hay que tener en cuenta que las normativas de seguridad de medicamentos son muy garantistas y ante cualquier duda ponen el aviso... Mejor prevenir que curar, pero el susto no te lo quita nadie.

Ya ves que, después de varios años y numerosos estudios amplios y rigurosos, la conclusión es que, en personas que podríamos considerar sanas, no compensan los riesgos para el beneficio que pueda producir, porque al final lo que conseguimos es que los síntomas se reduzcan como mucho un día. Y si además tampoco es seguro ni siquiera que acabe con el malestar o que afecte el desarrollo del virus..., qué quieres que te diga...

Nombre común	Anís estrella
Nombre científico	*Illicium verum*
Usos populares	Especia utilizada en la cocina oriental, perfumería y cosmética. Cólico y reumatismo. Gripe aviar. Antidiabético.
Usos confirmados por la ciencia	Estudios preliminares indican que podría ayudar en la terapia contra la diabetes.
Curiosidades	Lo del Tamiflu contra la gripe aviar quedó obsoleto, pero resulta curioso que en las farmacopeas del norte de África se utilizara tradicionalmente frente a la diabetes. Estudios recientes en animales parecen confirmar este efecto, a falta de pruebas en humanos.

5

LENGUA. LOS SABORES DE LAS PLANTAS

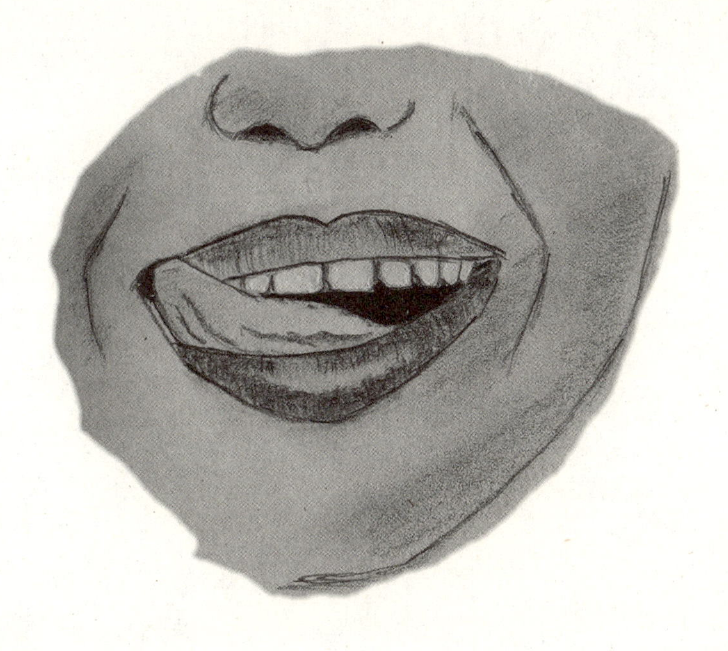

5.1

CANELA, LA RAMA FRAGANTE

Suena una canción y la voz de María Dolores Pradera aterciopela el aire:

Jazmines en el pelo
y rosas en la cara,
airosa caminaba
la flor de la canela.
Derramaba lisura
y a su paso dejaba
aromas de mixtura
que en su pecho llevaba.

Y ahora mismo, si ya tienes canas estarás recordando a dos gemelos con poncho tocando la guitarra detrás de la cantante. Que sepas que los hermanos Julián y Santiago López Hernández, además de acompañar a María Dolores Pradera durante gran parte de su carrera, eran profesores de Ingeniería y Arquitectura respectivamente de la Universidad Politécnica de Madrid. Yo soy profesora de universidad y me gusta la divulgación científica. Pues eran profesores y músicos que tocaban la guitarra.

No cabe duda de que allí por donde pasa la canela perfuma con esos toques orientales que la hacen una especia única para que nuestros postres tengan esa fragancia inolvidable. Se dice que Julio César quedó perdidamente enamorado de Cleopatra al respirar el olor de sus cabellos, que atusaba con aceite de esta sustancia. Una especia para la vida, el amor y la muerte, pues también era costumbre que la canela fuera el perfume con el que embalsamaban el cuerpo de las momias de Egipto. En la Antigüedad era una especia de lujo, al nivel de la pimienta o el azúcar. Su comercio estaba controlado por mercaderes árabes y persas que, para proteger su monopolio, se inventaban historias fantasiosas, como que se recolectaba del nido de unas aves gigantes que comían hombres, sobrevolaban tierras plagadas de serpientes y construían sus nidos en acantilados inaccesibles. Parece una exageración, ¿no? Pues el historiador griego Herodoto se lo creyó, y así lo dejó reflejado en sus escritos. Estos cuentos de mercaderes pervivieron durante mucho tiempo. De hecho, si lees *Simbad el Marino*, el episodio de la lucha con el ave roc parece sacado de una de estas historias. Siglos después, el Marco Polo del mundo islámico, el explorador Ibn Battuta, originario de lo que hoy es Tánger en el actual Marruecos, en uno de sus viajes encontró canela en Sri Lanka, dos siglos antes de que los portugueses y holandeses dominaran y se disputaran su comercio, lo que alargó durante esos doscientos años el monopolio árabe.

Por su elevado precio, su aroma intenso y todo el misterio y leyenda asociados a su origen (lo del marketing y crear *hype* no es nada nuevo), la canela se asocia a muchos ritos de fertilidad o se le otorgan propiedades afrodisiacas.

En Dinamarca existe un curioso rito que consiste en rociar con canela a los solteros que llegan a los veinticinco años sin pareja. Y si llegan a los treinta, con pimienta negra... Se recuerda así a los marinos que en sus arriesgados viajes en busca de las especias pasaban el tiempo en sus barcos sin posibilidad de encontrar a su media naranja.

Canela en rama y en polvo, junto con flores secas de *Cinnamomum verum* (la auténtica canela).

En 2017, por accidente, al acercar una llama al amigo soltero rociado de canela, este comenzó a arder como una antorcha. El grupo desconocía que la canela es altamente inflamable por contener, entre otros compuestos, eugenol y cinamaldehído, que forman parte del aceite esencial en la corteza de la especia. Afortunadamente el chico acabó ileso, pero con un buen susto. Igual le hubiera valido tener pareja... o no. Parece que la versión danesa del chiste «¿Qué prefieres: susto o muerte?» es «¿Qué prefieres: susto o matrimonio?».

Sin embargo, el ave fénix de los griegos sí conocía la respuesta a esta pregunta, tuviera o no pareja. Cuando sentía la proximidad de la muerte, se inmolaba en una pira que prendía con canela, y una vez que las llamas se llevaban su espíritu, surgía una nueva y vigorizada ave fénix de sus propias cenizas. La copa de muchas palmeras puede recordar a un nido y, cuando entra en floración, desde el suelo puede parecer que alberga un ave gigante, por el color amarillento que se entrevé entre las palmas. De manera que los griegos asumían que las aves fénix morían y renacían en la copa de las palmeras más altas, y de ahí viene su nombre científico actual: la palmera datilera es la *Phoenix dactylifera*.

En Europa, en la Edad Media, se usaba la canela para aromatizar vinos y comidas. Era una especia ilustre y muy apreciada, al alcance de las clases más pudientes, y, como otras especias, una moneda de cambio en transacciones comerciales y tributos. En el siglo XIII se conocía como *piment* una bebida hecha a base de vino endulzado con miel y condimentado con diferentes especias (nuez moscada, canela, clavo, jengibre, pimienta...) que perduró hasta bien entrado el siglo XVIII. Aun así, parece que el nombre de *ipocras* o *ypocras* con el que empezó a llamarse desde 1390 viene de Hipócrates, al que como sabemos se le considera padre de la medicina (y da nombre al juramento médico). Se cree que fue él quien lo inventó. En la actualidad, esta bebida sigue siendo típica en muchos países de Centroeuropa, especialmente en Navidad en Alemania, llamada *Glühwein*.

Pasado el siglo XV la canela aparece en un remedio balsámico (espirituoso, he de decir, porque la base era vino rectificado y trementina) junto con otras plantas y especias como laurel, incienso, mirra, jengibre, nuez moscada, etc., a modo del quijotesco bálsamo de Fierabrás. Este sí era verdadero y se puso de moda con el nombre de bálsamo de Fioravanti, también conocido como *alcohol de trementina* (se puede encontrar en la séptima edición de la *Real Farmacopea Española*). Se decía de él que «es antipestilencial, resiste a la gangrena y es vulnerario. Se emplea en las heridas de cabeza, en contusiones, en las equimosis y para resolver la sangre cuajada. Se administra interiormente en las enfermedades de los riñones y vejiga, para limpiar las úlceras internas de las partes, y para el cólico nefrítico. La dosis es de cinco a seis gotas en té, o en alguna bebida vulneraria y diurética. Alivia los dolores reumáticos frotando las partes afectas; es bueno para las fluxiones y envaramientos del cuello frotando estas partes; asimismo sirve para hacer que las fluxiones de los ojos tomen otra dirección, y fortifica la vista frotando con él los párpados, y haciendo lo mismo entre las manos para ponerlas delante de la vista a fin de que reciba los vapores». Seguramente el hecho de que la canela apareciera en todos los remedios mágicos viene a justificarse por la misma causa que se suponía que era afrodisiaca: simplemente, era muy cara. Y cuando algo es caro, se le atribuyen toda clase de propiedades, muchas inexistentes, para justificar el precio que estás pagando, a veces desorbitado.

«¡Casi na!», que decimos en mi querida *Graná*.

Y hablando de Granada, si paseas por las calles antiguas es muy probable que te lleguen los efluvios de su aroma en las teterías y desde manjares que recuerdan la época nazarí, como la pastela moruna, un hojaldre relleno de pollo, cebolla, almendras, pasas, piñones, un poco de jitomate, canela, azahar y otras especias, que no puedes dejar de probar cuando vayas.

En España, cuando queremos referirnos a algo excelente, de gran calidad o belleza y en cierta forma único, decimos que es ¡*canela en rama*! Algo nos queda en el recuerdo de aquellos esplendores de antaño...

Bueno, y ¿para qué nos sirve hoy en día la canela? Usamos la canela principalmente para aromatizar muchos postres y como condimento en las cocinas más sofisticadas. Pero la canela tiene unas propiedades más desconocidas, aunque muy interesantes para nuestra salud, gracias a los compuestos que hicieron que el soltero danés saliera envuelto en llamas.

El nombre *canela* en español procede del latín *cannella,* que es el diminutivo de *canna* ('caña'), haciendo así alusión a la forma en rama en que esta especia se presenta. Sin embargo, en inglés *cinnamon* tiene una raíz etimológica griega, *kínnamon,* que significa 'madera dulce', o *kinnamômon*, que es como Aristóteles llamaba a un pájaro mítico que hacía sus nidos con ramas del canelo.

Cuando hablamos de canela hay que aclarar que, normalmente, nos encontramos con una verdadera canela y otra que no lo es tanto: la canela Ceilán, *Cinnamomum zeylanicum* o *Cinnamomum verum* (que, en su nombre, orgullosa, ya nos está diciendo mucho, pues se traduce por 'canela auténtica'), y la Cassia, *Cinnamomum cassia* (que 'casi' es como la otra). Tienen aspectos distintos, más apreciables en rama, sabor con matices diferentes, pues la última es algo picante, pero, sobre todo, la Cassia tiene un contenido de cumarina, un compuesto que resulta tóxico para el hígado a partir de cierta ingesta, muy superior a la canela verdadera.

También hay otras canelas menos conocidas (se estima que más de cincuenta), como la de Indonesia *(Cinnamomum burmanni)* o la canela vietnamita *(Cinnamomum loureiroi),* cercanas a la Cassia y con mayor cantidad de cumarina, así que no nos resultan interesantes, al menos para alimentación.

Volviendo a Dinamarca, su gobierno tuvo un enfrentamiento con el gremio de pasteleros del país, entre los que es muy común la utilización de la canela en sus postres típicos, especialmente las caracolas de canela o *kanelsnegle*, algo extendido en Europa, sobre todo en el norte del continente. «¡Salvemos las caracolas de canela!» fue el grito de guerra contra el gobierno. La razón es que la Unión Europea limitó los valores de canela para utilizar en la repostería debido a los riesgos de la cumarina, y el gobierno danés aplicó la legislación de seguridad alimentaria, contraviniendo los usos y costumbres en la repostería. ¿Cuál era el problema? La mayoría de la canela molida que se comercializa en Europa pertenece a la variedad Cassia, más barata, de origen chino y muy rica en ese compuesto, que en cambio está presente en cantidades ínfimas en la que tiene como origen Sri Lanka, de mayor calidad y precio.

Ceilán (*Cinnamomum verum*) a la izquierda versus de Indonesia (*Cinnamomum burmanni*) a la derecha, similar a la Cassia (*Cinnamomum cassia*).

Desde hace tiempo, años ya, yo muelo mi propia canela comprándola en rama, porque es la forma de asegurarme de lo que estoy comprando. La Ceilán tiene una corteza de color más claro y su interior laminado se distingue de la Cassia, más hueca por dentro.

El árbol de la verdadera canela, el canelo, es originario de Asia y de él se extrae una de las especias más antiguas que se conocen. Aparece citada en el Éxodo de la Biblia cristiana junto a la mirra, como uno de los «perfumes más selectos» para la santa unción, y en el Apocalipsis se presenta como un producto lujoso asociado a la decadencia humana que los comerciantes viajeros venderían a Babilonia la Grande antes de ser destruida. Ya se utilizaba en China en el 2500 a. C., y siglos después la usaban los árabes como conservante, ya que contiene compuestos fenólicos que impiden la putrefacción de la carne, pero no te lo recomiendo; para eso mejor los nitritos, de los que hablaremos más adelante.

Y ¿qué la hace interesante hoy en día? Aparte de su sabor inconfundible en un arroz con leche o en un rico ponche, se trata de una especia muy prometedora para la salud.

Es una especia que, molida, aporta bastante fibra: más del 50% de su peso, aunque esto es poco relevante porque, al utilizarla para aromatizar, la cantidad final que ingieres es mínima. Son más destacadas las cantidades que contiene de manganeso, calcio, hierro, zinc, magnesio, vitamina B6, vitamina E y otras muchas vitaminas y minerales.

Tradicionalmente se le atribuyen propiedades digestivas y favorecedoras de la fertilidad, pero lo más interesante, y que más se está estudiando, nos lo descubren varias investigaciones que afirman que la canela puede ayudar a reducir el azúcar en sangre, los niveles de colesterol y los triglicéridos. Estos hallazgos son importantes porque podrían situar a la canela o alguno de sus componentes como tratamiento coadyuvante de la diabetes tipo 2. Así lo afirmaba un estudio de 2003 realizado con Cassia y también otros con la variedad de tipo Ceilán, lo que hace pensar que, siendo especies distintas, el principio activo debe ser común, posiblemente el cinamaldehído.

Pero ahí no queda la cosa. Estudios preliminares sugieren que la canela podría retrasar los síntomas del alzhéimer, al dificultar que se formen los agregados de proteínas que son los que acaban matando las neuronas. Otras investigaciones apuntan a que podría tener un potente efecto antioxidante y antiinflamatorio gracias a su contenido de polifenoles.

Por si fuera poco, también podría ser eficaz contra el cáncer y antiinfeccioso frente a *Salmonella* e infecciones orales, lo que reduciría las caries.

¿Y qué más? Pues... va siendo hora de pisar el freno y ser prudentes con el entusiasmo, no hagamos como los mercaderes persas y acabemos diciendo que la traen aves mitológicas. Queda mucho por estudiar. Parece una planta panacea, remedio de muchos males, y sin embargo tenemos que considerar que muchos estudios están en fases iniciales, que no es un alimento fundamental, sino que se toma en pequeñas cantidades, y que contiene componentes tóxicos, por lo que primero tendríamos que preguntarnos si la ingesta de moléculas potencialmente beneficiosas compensa el consumo de moléculas tóxicas, algo que por desgracia muchos olvidan cuando recurren a la fitoterapia. Hay muchas variedades de canela y los estudios pueden tener sesgos, no conocemos las dosis terapéuticas, ni sus contraindicaciones ni interacciones; esto es, no es un medicamento.

No desesperes, realmente algunos de los beneficios son mucho más sutiles, pero a la vez más importantes. La búsqueda de las especias nos llevó a conocer nuevos mundos e intercambiar culturas, a adoptar alimentos antes inexistentes y sin embargo hoy comunes y a un desarrollo de la ingeniería naval y el comercio sin precedentes. Tal vez, rociar a los solteros de Dinamarca con canela tenga todo el sentido, eso sí, a partir de ahora, en lugar de *soltero/as de oro*, llamémoslos *de canela*.

Nombre común	Canela
Nombre científico	*Cinnamomum verum*
Usos populares	Especia. Relajante, cicatrizante, regulador del ciclo menstrual.
Usos confirmados por la ciencia	Aumenta la sensibilidad a la insulina. Podría ayudar en algunos tipos de diabetes.
Curiosidades	La mayoría de los usos tradicionales asociados a la canela parecen provenir del hecho de que era muy cara, y por eso se le otorgaban muchas propiedades. Curiosamente, como en el caso del anís estrella, se ha visto cierta eficacia (a pequeña escala) en el tratamiento de la diabetes. También hay que tener cuidado, la alergia a la canela existe y es relativamente frecuente.

5.2

ESTEVIA, LA PLANTA MÁS DULCE

Algo que no debemos olvidar nunca y que te recordaré de vez en cuando es que las plantas tienen las moléculas que necesitan para cumplir su programa vital. Que algunas plantas tengan moléculas que nos resulten útiles a nosotros es en gran medida un accidente evolutivo. Y lo que puede pasar, y pasa, es que en una misma planta haya efectos que nos interesen y efectos que no. Los efectos secundarios no son solamente algo propio de las farmacias. Un buen ejemplo de esto sería una planta de la que se habló mucho hace unos años, la estevia.

La estevia (*Stevia rebaudiana*) es una especie oriunda del actual Paraguay, donde todavía sigue siendo una planta silvestre (realmente es un arbusto). Los guaraníes la conocían y la denominaban con una expresión que, traducida, vendría a significar 'hierba dulce'. A pesar de ser paraguaya, su nombre se lo debe al castellonense Pedro Jaime Esteve (1500-1556), catedrático de Hierbas de la Universidad de Valencia (un cargo medieval adscrito a esta universidad que en aquella época al parecer era muy importante, pero que hoy daría lugar a muchos chistes) y autor de un libro sobre las plantas de la región que nunca llegó a imprimirse, pero del que conocemos un resumen por la crónica de la ciudad escrita por Gaspar Escolano unos cincuenta años después de su fallecimiento. ¿Y cuál fue la relación de Jaime Esteve con la planta a la que le dio el nombre? Ninguna.

Antonio José Cavanilles, científico y botánico valenciano del siglo XVIII, director del Real Jardín Botánico de Madrid, dio el nombre de *estevia* dos siglos después a todo un género de plantas procedentes de América que habían sido recolectadas por Martín de Sessé en el transcurso de la Real Expedición Botánica a Nueva España. El nombre se lo puso como homenaje a uno de los más conocidos botánicos, y un poco por localismo, ya que ambos eran valencianos. La primera descripción detallada y precisa de la planta que nos ocupa en este capítulo nos llegó hasta el año 1899 y se la debemos al botánico suizo-paraguayo Moisés Santiago Bertoni.

Dentro de la cultura paraguaya, la planta tiene un uso muy extendido como endulzante. Se le suele añadir al mate y principalmente al tereré, bebida muy típica de Paraguay que consiste en una infusión de mate y otras hierbas que se bebe con hielo. ¿La planta sirve como endulzante? Pues la verdad es que sí. Pero aquí empieza el tema a ponerse interesante.

Estevia (*Stevia rebaudiana*).

El sabor dulce de la estevia tiene la particularidad de que no es producido por un azúcar, sino por una molécula denominada *esteviósido*, con una capacidad endulzante trescientas veces superior a la del azúcar de mesa. ¿Qué ocurre? Pues que, al no ser un azúcar, no altera los niveles de insulina ni aumenta la glucosa en sangre, por lo que es apta para diabéticos.

Su capacidad natural para endulzar y su asociación con una cultura precolombina hicieron que desde finales del siglo XX aparecieran, de forma similar a como pasa con el cannabis, asociaciones de consumo de estevia. Muchas de estas agrupaciones trataban de promover su uso, a veces difundiendo unas propiedades que realmente no tenía. En muchas páginas de internet todavía se sigue recogiendo que la estevia cura la diabetes, algo que no es cierto. Que sea apta para diabéticos no significa que cure la enfermedad, de la misma forma que nadie dice que lo haga la sacarina. ¿Y qué necesidad había de crear clubs de estevia y asociaciones de cultivadores similares a los de la marihuana? Pues por un pequeño detalle legal. Su consumo en Europa es ilegal, y basta que algo esté prohibido para que todo el mundo lo quiera probar. El argumento que utilizaban los promotores de estos clubs es que la estevia se había ilegalizado porque era el remedio natural que curaba cientos de enfermedades (ja), y que el *lobby* de las grandes farmacéuticas se había opuesto a ella porque les iba a quitar el monopolio de la insulina (ja, ja). Una historia muy bonita y épica de David contra Goliat, pero la realidad es un poco más anodina.

En Europa hay una ley muy estricta para autorizar un nuevo alimento. De hecho, existe una definición muy precisa de lo que en inglés se denomina *novel food*: cualquier producto comestible que no se consumiera en Europa antes de 1997, y punto. Nada que ver con los ingredientes ni su procedencia. Cualquier alimento del que no haya ningún registro antes de esa fecha tiene que superar el proceso de autorización descrito por el reglamento europeo 2015/2283. Y la verdad es que es un proceso muy caro y muy restrictivo. Tanto es así que muchos alimentos de toda la vida no lo superarían si tuvieran que pasar ese reglamento. Por poner un ejemplo, el kiwi empezó a cultivarse en España en 1986, y en aquella época no había regulación de nuevos alimentos, por lo que, simplemente, se cultivó y se vendieron los primeros, como fruta exótica, a 100 pesetas la pieza (en el año 1986, era dinero. Costaba lo mismo que un kilo de sardinas o la mitad de una entrada de cine). Poco tiempo después se vio que había gente que era alérgica a la piel, aunque por suerte no causa una reacción tan fuerte como, por ejemplo, los frutos secos o el pescado. Con la ley actual, hoy no comeríamos kiwis. Esta regulación también ha sido el muro contra el que se han estampado grandes chefs con algunas de sus creaciones, por ejemplo, cuando Carme Ruscalleda empezó a servir medusa en su restaurante de Sant Pol de Mar y poco después se vio obligada a retirarla, porque estos seres marinos no se consideran un alimento en Europa. Si hubiera encontrado un recetario medieval o de la época romana con un guisado de medusa, hubiera servido como argumento para revocar la prohibición. Pero no lo encontró.

Tampoco tenemos ninguna constancia del consumo de la estevia en Europa antes de 1997, por lo que, como cualquier alimento, tuvo que superar esa durísima ley de autorización, y aquí vino el problema.

En Europa, la aprobación se ha hecho mucho más de rogar. En el año 2000 fue desautorizada por la EFSA, y en 2007 se presentó una nueva solicitud que obtuvo un informe favorable en 2010, por lo que su uso se permitió a partir de enero del 2012, pero con matices. En Estados Unidos, por su parte, su consumo fue rechazado en 1991 por la FDA, aunque finalmente fue legalizado en 1995.

La estevia, además de la molécula que le da sabor dulce, contiene numerosos componentes con actividad farmacológica. Entre otras, tiene capacidad para bajar la presión y puede provocar esterilidad masculina (esto parece que también lo sabían los guaraníes), y ese es el motivo por el que no se autorizó, ante posibles problemas de salud. El consentimiento se otorgó solo al principal glicósido responsable del sabor dulce (el rebaudiósido A) con una pureza mayor al 95%, que se acreditó para su comercialización con el nombre tan poco romántico de E-960. Si alguien vendía estevia para consumo, cometía una falta, pero vender el compuesto que da sabor dulce era legal. Una trampa frecuente en la época era que en muchos comercios se vendían plantones de estevia para uso, supuestamente, ornamental. Pero la historia no acaba aquí.

Esta decisión no agradó a los clubs de consumidores de estevia, que consiguieron, después de batallar mucho, demostrar que ya se ingería en Europa antes de 1997. Parece ser que hubo un cargamento que llegó al puerto de Róterdam en los años setenta, y esto fue lo que se argumentó. Un juez en Alemania la autorizó en 2011 (aunque excedía sus competencias, ya que esto es una regulación europea), lo que sirvió para obtener una validación parcial. En el 2017 la Unión Europea se volvió a pronunciar sobre este tema, y así fue difundido por la Agencia Española de Consumo, Seguridad Alimentaria y Nutrición (AECOSAN), perteneciente al Ministerio de Sanidad: «La solicitud solo se refiere a las infusiones de hierbas y frutas que contengan o que estén preparadas con hojas de *Stevia rebaudiana* y destinadas a ser consumidas como tales. Se considera que tales usos no son nuevos. El uso de los extractos de las hojas de *Stevia rebaudiana* como edulcorante o como aromatizante recae bajo el ámbito del Reglamento (CE) n.º 1333/2008 sobre aditivos alimentarios o del Reglamento (CE) n.º 1334/2008 sobre aromas, respectivamente». En pocas palabras, que se autoriza utilizar las hojas en infusiones... y ya.

Lo más divertido de la historia es que toda la presión para la legalización vino sobre todo desde el entorno de los consumidores y no tanto de las grandes compañías de la alimentación, que están ávidas de nuevos ingredientes que no engorden y que sean aptos para consumidores con necesidades especiales, como puede ser un diabético. Aun así, las grandes empresas se aprovecharon de esta autorización y se pusieron como locas a meter el esteviósido a todos sus productos. Aparecieron galletas con estevia (falso, no llevaban estevia, sino uno de sus compuestos, el E-960), chocolates y mermeladas, y productos tan emblemáticos como el Sprite o la Coca-Cola lanzaron líneas de productos endulzados con E-960. Sara Lee, la multinacional de los bienes de consumo y propietaria de la marca Natreen (sí, el supuestamente malvado aspartamo), también sacó una línea con estevia. Así que ellas fueron las grandes beneficiarias... o no.

Vamos a hacer un ejercicio. ¿Has probado Coca-Cola con estevia? ¿Recuerdas una lata verde de Coca-Cola que se llamaba Coca-Cola Life? Era un color verde precioso. Se lanzó en Argentina y Chile en 2014 y posteriormente en el Reino Unido, Estados Unidos, México, Suecia, Bélgica, Francia, Estonia, Alemania, Países Bajos, Noruega, Suiza, Uruguay, Japón, Australia, Nueva Zelanda, Ecuador y Colombia. ¿Leíste *España*? No. Nunca llegó a comercializarse en España y, realmente, su éxito comercial fue escaso hasta que finalmente dejó de distribuirse.

El problema del esteviósido es que sí, es dulce, pero luego deja en la boca un retrogusto que recuerda al regaliz y que no es del agrado de muchos consumidores (entre los que me incluyo yo, que tras haberlo probado en polvo, pastilla y líquido no puedo con él), por lo que la mayoría de los productos que derivaron de esta autorización ya no están en el mercado. Como dicen en mi tierra de adopción, parece ser que al final salió más caro el entierro que la abuela. Así que la estevia ha pasado de planta que utilizaban los guaraníes a reivindicación de consumidores alternativos que alegaban una serie de propiedades que no tiene, luego a producto de marketing de las multinacionales de la alimentación y finalmente a oferta del montón. La mayoría de las asociaciones que consideraban una cuestión de vida o muerte que se permitiera usar esta planta han desaparecido del ciberespacio donde antes eran tan activas, y es complicado encontrar algún tipo de noticia posterior a 2017, curiosamente la fecha de la autorización (parcial). Eso sí, parece que los diabéticos siguen tratándose con insulina, y no con infusiones de estevia.

Coca-Cola Life, edulcorada con estevia.

Vamos a ser generosos y a aportarles otra idea a estas agrupaciones. El arbusto de África Occidental *Dioscoreophyllum cumminsii* contiene una proteína llamada *moneli-*

na, de la cual 1 gramo endulza lo mismo que 1.3 kilos de azúcar. Es una proteína dulce, no un azúcar. Aquí termino el tema, pero que nadie diga que cura la diabetes.

Nombre común	Estevia
Nombre científico	*Stevia rebaudiana*
Usos populares	Edulcorante, diabetes.
Usos confirmados por la ciencia	Edulcorante, baja la presión arterial, puede afectar la fertilidad masculina.
Curiosidades	Es usada por los guaraníes y en el actual Paraguay desde tiempos inmemoriales para endulzar el mate o el tereré. Según la mitología guaraní, la estevia nació como regalo a la humanidad de la tumba de un espíritu superior llamado Onagait, que había conseguido acabar con una guerra de dos siglos de duración.

5.3

LA ESTIRPE DE LAS COLES

Si hiciéramos una encuesta sobre comida odiosa, hay una verdura que nos viene a la mente provocando rechazo a muchos y sugiriendo algo sin gracia, pero omnipresente en cualquier dieta sana: el brócoli.

Parece que para una buena parte de los niños no es su verdura favorita (probablemente ninguna lo sea). De pequeños, los españoles de mi generación conocieron con más o menos pesar la coliflor, su hermana, pero el brócoli tardó más en estar en nuestras mesas. Y otros ya mayorcitos, como el chef David de Jorge, que trabaja codo con codo con el reconocido chef Martín Berasategui, se refiere frecuentemente a él, en tono jocoso, como símbolo de algo sin sustancia y poco apetecible, frente a la comida más sabrosa y quizá no tan saludable.

Su mala fama y opinión traspasa algunas fronteras. Cuando el expresidente de Estados Unidos George Bush (padre) llegó a la Casa Blanca, dijo que nunca más comería brócoli, verdura sobre la que había mencionado su fobia en numerosas ocasiones, a pesar de que su mujer, Barbara, era muy fan de ella. Y como la ocasión la pintan calva, Hillary y Tipper, esposas de sus rivales políticos Bill Clinton y Al Gore, le dieron la vuelta al asunto utilizando el lema «Devolvamos el brócoli a la Casa Blanca».

¿Ese rechazo por el brócoli puede ser algo cultural? En la premiada película de Disney-Pixar *Intensamente* (*Inside out*), para demostrar que la protagonista no se adapta a su nueva vida en San Francisco, aparece con una pizza de brócoli. Sin embargo, estas imágenes tuvieron que editarse en la versión japonesa de la película, ya que para los niños del País del Sol Naciente ese vegetal no está interiorizado como un alimento poco apetecible. En la versión japonesa la pizza llevaba pimiento verde. En fin, a mí también me gusta el pimiento verde en una pizza, incluso junto al brócoli, pero allí se ve que no. Cuestión de gustos y costumbres.

Lo cierto es que, como a muchos niños, a Bush se le obligó a comer esta sana verdura entre el llanto y el disgusto. Me acaba de venir a la memoria la cantidad de veces que a mí, y seguro que a muchos de mi edad, nos daban sesos (y criadillas) de pequeñitos, no sé por qué motivo exactamente... y me siento como Bush, ¡nunca más comeré sesos!

Este odio al brócoli, como a otras verduras, no es algo caprichoso. Las plantas han formado parte de nuestra alimentación desde que existimos en el planeta. Pero las plantas suponen también un peligro, dado que muchas son tóxicas. Esto es algo que evolutivamente llevamos en nuestros genes, de forma que, cuando no podemos detectar el peligro con nuestros sentidos, recurrimos a la estrategia más prudente: evitarlo. Incluso se ha visto que los bebés, curiosos por naturaleza, tienden a interaccionar menos con plantas que con otros objetos o los animales. No se atreven a tocarlas. Quizá gracias a ese miedo, y no es una exageración, la especie humana hoy está viva.

El brócoli lleva tras de sí una historia familiar fascinante. Su nombre científico es *Brassica oleracea* var. *italica*, pero si buscas imágenes para *Brassica oleracea* por internet, lo más probable es que no encuentres ningún brócoli como lo conocemos, sino la col silvestre. Esta es una planta bianual, muy resistente a la salinidad, por lo que suele crecer en suelos calizos cerca del mar, con preferencia por los acantilados.

Ciertamente, *brócoli* siempre me pareció una palabra con la que enseguida me salía un acento italiano. El término *broccoli* se utilizó por vez primera en el siglo XVII y proviene del plural italiano de *broccolo* ('pella de algunas berzas').

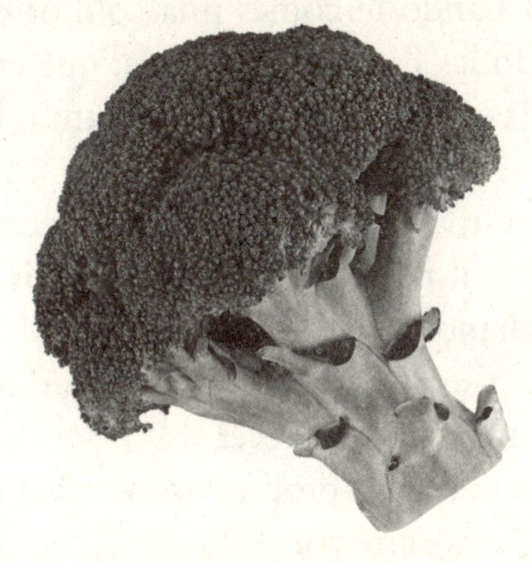

Pella de brócoli (*Brassica oleracea* var. *italica*).

Su cultivo se pierde en el tiempo más que otros, ya que probablemente data del 1500 a. C. Desde el siglo VI a. C. se han ido seleccionado variedades al gusto de la época y las costumbres. La planta primigenia, que aún no era brócoli, debió de llamar la atención a los europeos, ya que empezaron a cultivarla desde tiempos muy antiguos y a obtener diferentes variedades, pero siguiendo criterios muy diversos. Es muy curioso cómo a partir de una única planta (*Brassica oleracea*), y en función de lo que se desarrollara más, hemos obtenido variedades tan distintas unas de otras. Aunque no lo sabían, en muchos casos estaban seleccionando mutaciones de genes relacionados con el desarrollo de la flor, la raíz o la hoja. Así, si se seleccionaba el crecimiento de las hojas, se obtenía el chino (hoja larga) o la col berza (hoja grande). Al favorecer los brotes que dan flor, hemos conseguido la coliflor o el romanesco. Si eran las hojas terminales, la col común o la morada. Si se potenciaban las yemas laterales, cosechábamos las coles de Bruselas. Y aunque parezca que el tallo no sirve para nada, estimulando su desarrollo se obtuvieron el colirrábano y el brócoli, que es tallo y flor. Fíjate que todas estas verduras ¡tuvieron el mismo antecesor silvestre! Cuando te comes una coliflor o un brócoli, estás ingiriendo las flores de la planta, que en un caso no tienen clorofila (por eso la coliflor es blanca) mientras que en el otro sí.

De ser un cultivo eminentemente mediterráneo, el brócoli se extendió al norte de Europa en el siglo XVIII, y los emigrantes italianos lo llevaron a América del Norte en el siglo XIX. Una historia de éxito para ser un alimento con tantos detractores, ¿no te parece?

Hoy en día el mayor productor mundial de brócoli es China, y España es el mayor de Europa.

Diferentes variedades originadas a partir de *Brassica oleracea* silvestre.

Todas estas plantas que te acabo de mencionar pertenecen a una gran familia botánica que son las brasicáceas, brásicas o crucíferas (por la forma en cruz de sus flores), con un linaje más complicado que en *Juego de Tronos*. Algunas de las especies más populares del género *Brassica* son la mostaza y la canola. A pesar de su mala fama en España, la canola es uno de los principales cultivos del mundo para la producción de aceite. En 1981 fuimos testigos de uno de los episodios más dramáticos de nuestra historia. Tuvo lugar una intoxicación masiva que dejó más de trescientos fallecidos y veinte mil afectados con serias consecuencias crónicas. Aquello se conoce como *síndrome del aceite tóxico (SAT)*, síndrome tóxico o enfermedad de la canola, y tuvo lugar porque se destinó para consumo humano un aceite de canola que en realidad era aceite desnaturalizado industrial. Es algo difícil de olvidar, lo que hace que mucha gente no quiera oír hablar de este producto, a pesar de sus importantes cualidades nutricionales, que lo convierten en uno de los más sanos, junto con el de oliva. Por este motivo, en muchos remedios, incluido el propio aceite, es muy posible que encuentres otros nombres para referirse a lo mismo: aceite de nabina, de nabiza, de colza, aceite canadiense...

Las plantas tienen algo en común. Son muy antipáticas, pero no solo para los niños, sino con sus depredadores y patógenos que las puedan dañar. En su objetivo de supervivencia, colaboran con algunos microorganismos como las micorrizas estableciendo relaciones simbióticas con estos hongos en las raíces para, de esta forma, conseguir más agua y nutrientes y protegerse frente a patógenos o situaciones ambientales adversas. Esta relación simbiótica es un *quid pro quo* biológico, o de interés mutuo, «yo te doy y tú me das». La preciada trufa es una micorriza que crece junto a las raíces de algunos árboles.

Sin embargo, las brásicas son especialmente antipáticas en este sentido y adoptan la estrategia de «yo sola me basto y me sobro». Acumulan moléculas tóxicas en sus hojas o en sus raíces, de forma que, cuando un herbívoro trata de alimentarse de ellas, este sabor desagradable lo repele o directamente lo mata. Algo que, por otra parte, es bastante común. El efecto secundario de esta estrategia es que cuando un hongo o una bacteria con buenas intenciones pretende establecerse en sus raíces para «conocerse y dejar fluir», estas mismas moléculas también son muy tóxicas, por lo que las relaciones simbióticas con microorganismos, afortunadamente muy frecuentes en la mayoría de las plantas, son extrañas con las brásicas. Dentro de esta familia encontramos a *Arabidopsis thaliana*, una pequeña planta muy conocida entre los biólogos vegetales, dado que es el organismo modelo que utilizamos para hacer nuestras investigaciones básicas y llegar a conclusiones que luego se trasladan a otras plantas.

Este arsenal químico lo forma un grupo complejo de moléculas llamadas *glucosinolatos*, derivadas de aminoácidos que contienen azufre. Podríamos pensar que el propio brócoli se puede ver perjudicado con ellos, como dicen los jóvenes, «si se muerde la lengua, se envenena». Pero no es así. El truco es que los almacena en una estructura celular llamada *vacuola*, donde estas moléculas se encuentran separadas del resto de la célula, aisladas sin interferir en nada. Sin embargo, cuando la hoja es masticada y se rompen las vacuolas, la glucorafanina, que es un tipo de glucosinolato mayoritario en el brócoli, se libera y entra en contacto con una enzima llamada *mirosinasa* que la transforma en la forma activa y tóxica para la mayoría de los herbívoros. ¡No me digas que en los vegetales no hay sofisticación logística!

Los glucosinolatos son los responsables de ese sabor tan característico del brócoli y de las coles. Sabor que no molesta a unos, pero que otros encuentran muy desagradable. Esto tiene una explicación genética para los humanos. El sabor amargo de los glucosinolatos y de otras moléculas presentes en el brócoli como los isotiocianatos se detecta por un receptor codificado por el gen TAS2R38. Este gen tiene diferentes variantes (los alelos que mencionábamos cuando hablé de la cafeína). Es el responsable de que, para algunos, el brócoli tenga un sabor amargo muy intenso mientras que, para otros, la percepción es más suave o ni siquiera se nota. ¿Le tocaría el gen «malo» a Bush? Por cierto, algo parecido a esto pasa con el cilantro, tan de moda últimamente en dietas con toques orientales o árabes.

Y, por si lo estás pensando..., no, ni el brócoli ni sus hermanos son tóxicos para los humanos. De hecho, te voy a contar otra peculiaridad. De que el brócoli es un alimento muy sano, aunque no te guste, no hay duda. Es una verdura con mucha fibra para la salud gastrointestinal, muchos carotenoides (como la luteína, tan importante para la salud ocular) que son antioxidantes, rico en calcio (sí, hay calcio más allá de los lácteos), contiene más vitamina C que una naranja, vitaminas B1, B2 y B6, fósforo, potasio, yodo, zinc, cobre y manganeso, pero es que, además, los glucosinolatos, un veneno para otros seres vivos, son para nosotros beneficiosas moléculas antioxidantes, de actividad muy potente en el cuerpo humano.

¿Qué nos dice la ciencia? Se ha visto cómo potencialmente una dieta rica en brócoli podría funcionar como agente preventivo de determinados tipos de cáncer, y además tiene propiedades antiinflamatorias. El glucosinolato y sus derivados podrían ejercer la actividad preventiva del cáncer a través de diferentes mecanismos. Se ha estudiado que son capaces de suprimir la inflamación y el estrés oxidativo porque reducen la expresión de moléculas que se acumulan durante la inflamación, como el TNF-α (factor de necrosis tumoral α), IFN-α (interferón α), IL-1ß (interleucina 1ß) e IL-6 (interleucina 6). Al mismo tiempo, aumentan la expresión del gen Nrf2, cuya función es protectora. Pero, por otro lado, también pueden inducir la apoptosis o muerte celular programada, que es una ruta de emergencia que utiliza nuestro cuerpo cuando ve que una célula causa problemas y la invita a morirse. Además, los glucosinolatos y sus metabolitos no solo tendrían un papel preventivo, sino que podrían ser útiles durante el tratamiento de un cáncer, ya que inhiben la angiogénesis, que es la formación de nuevos vasos sanguíneos, necesarios para que un cáncer forme metástasis y se extienda a través de ellos. También regulan positivamente un tipo de linfocitos, los T4 *killer*, y aumentan la expresión de genes que codifican proteínas implicadas en frenar la expansión de células tumorales.

Hay otra propiedad interesante que no tiene que ver con el cáncer. ¿Recuerdas el receptor del gusto amargo del que te hablé antes, TAS2R38? Pues este receptor no solo está en la lengua, sino también en la nariz, lo cual es normal porque podemos «catar» con ambos sentidos, y, como ya te comenté, este es un rasgo evolutivo que nos ha podido salvar la vida. Lo que no hemos explicado todavía es su presencia en otros tejidos. Lo encontramos en el páncreas y la mucosa intestinal, entre otros, lo cual nos puede hacer pensar que el consumo de brócoli y otras brásicas pueda tener alguna relación con la regulación de los niveles de insulina o la sensación de saciedad, algo muy útil para tratar una de las enfermedades de nuestro tiempo, la diabetes. También te digo que no hay nada claro al respecto. Sí hay estudios en marcha que tratan de evaluar la eficacia de glucosinolatos y otras moléculas de las brásicas en la mejoría de los síntomas característicos de la menopausia, pero aún no hay nada concluyente.

Durante mucho tiempo se ha atribuido como efecto perjudicial asociado al consumo de brócoli cierta actividad antitiroidea, pero lo cierto es que los últimos estudios sugieren que incluir verduras del género *Brassica* en la dieta, particularmente cuando se acompaña de una ingesta adecuada de yodo, no presenta efectos adversos sobre la función tiroidea.

Así que, si te gusta como a mí, perfecto; pero si no, ya estás luchando contra esa versión del gen que te amarga la existencia para darte una oportunidad de vivir sano durante más tiempo, como bien hace el brócoli consigo mismo. ¿Te gustaría un ramito de flores verdes?

Nombre común	Brócoli
Nombre científico	*Brassica oleracea* var. *italica*
Usos populares	Alimento.
Usos confirmados por la ciencia	Agente preventivo contra determinados tipos de cáncer.
Curiosidades	El brócoli es de los pocos alimentos cultivados originarios de Europa. Sabemos que su domesticación probablemente la llevaron a cabo los etruscos en algún lugar de la península itálica (de ahí su nombre científico) y que su cultivo se expandió con el Imperio romano. Probablemente por ser una planta local y no exótica apenas aparece en farmacopeas o libros de hechizos, ya que siempre se ha considerado un alimento. Hoy la ciencia nos dice que puede ayudar a prevenir el cáncer.

6

CORAZÓN.
PLANTAS QUE MARCAN EL RITMO

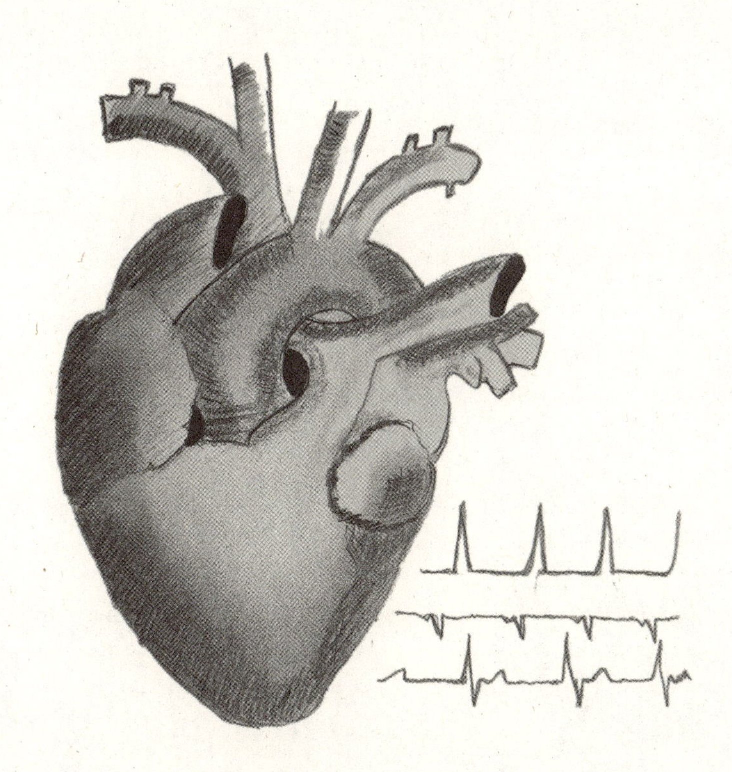

6.1

LOS DEDOS DE LA VIDA Y LA MUERTE

En esta ocasión tengo sentimientos algo encontrados, porque te voy a hablar de una planta que te puede matar en poco tiempo y, sin embargo, está salvando la vida de millones de personas en todo el mundo desde hace siglos. Como muchas cosas en esta vida, y en plantas también, tiene dos caras.

Esta planta posiblemente se haya convertido en una de las más importantes para la humanidad. Aunque (y te estoy dando pistas) también es conocida como *cascabeles de muerto* o *guantes de bruja*, seguramente te suena más familiar la palabra *dedalera* o *digital*. Y es que todo lo que tiene de bonita, lo tiene de peligrosa. ¿Has visto alguna vez una planta herbácea, como una especie de espiga, llena de dedalitos de un espectacular color fucsia que parecen campanitas boca abajo? Esas flores tubulares son las que le dan nombre, ya que *digitalis* significa 'dedo' (*digitus* en latín) y, a pesar de que la más conocida es la *Digitalis purpurea*, la encontraremos amarilla, blanca o rosa. Bien, pues ahora léeme con atención: NO LA TOQUES. Hojas, flores y semillas son tóxicas para los humanos y algunos animales, y pueden ser mortales si se ingieren. ¿Qué necesidad tienes de llevarte un susto? Cuando hablo de plantas en cualquier sitio, ya sea en estas páginas o dando una charla, siempre digo que decoran, alimentan, visten... pero no todas son tus amigas. Si encuentras una que no conoces bien, no la huelas, no la toques y por supuesto no se te ocurra comer ninguna parte de ella, por muy apetitosos que te parezcan sus bayas o sus frutos llamativos. Pues la dedalera es un caso de libro, de *este* libro.

Obviamente, si estamos hablando de ella es porque nos hemos beneficiado de forma importante en nuestra salud, pero hasta que llegó ese momento, el periplo fue largo y complejo.

La digital se describió por primera vez en 1543 en la obra *Nuevo herbario* del médico y botánico alemán Leonhart Fuchs bajo el título «Von Fingerhut Kraut», que viene a significar 'De la hierba con flores en forma de dedal'. El autor ya la había denominado *Digitalis* en la edición latina de su herbario e incluso distinguió las variedades púrpura

Digital (*Digitalis purpurea*).

y amarilla por el color de sus flores. Sin embargo, no fue hasta mediados del siglo XVIII cuando irrumpió el uso de la digital en la práctica clínica. Esas mujeres que algunos consideraban brujas eran curanderas conocedoras de las propiedades botánicas de las especies. Fueron los inicios del uso de las plantas en la medicina.

William Withering, médico británico (y, entre otras cosas, también botánico), trabajaba desde 1779 en el Hospital General de Birmingham. En el siglo XVIII existía una señora en la ciudad de Shropshire, conocida popularmente como Madre Hutton o señora Hutton, una anciana considerada la herbolaria, médica y farmacéutica de la ciudad. Una historia relata que el doctor Cauley, decano del Brasenose College de Oxford, sufría un caso grave de hidropesía, o lo que es lo mismo, edema o retención de líquido. La señora Hutton, que conocía bien el uso de las plantas, tenía diseñada una formulación concreta con más de veinte especies diferentes, entre las que se encontraba la digital. Una vez preparado el formulado, lo añadía a un té muy elaborado que distribuía como remedio para esa enfermedad. El doctor Cauley acudió a ella y la señora Hutton lo curó. La voz se corrió y llegó a Withering, quien dedujo que, de todos los componentes, la digital era el ingrediente activo de esa formulación, así que dedicó los siguientes años a estudiarla. Probó diferentes preparaciones con distintas partes de la planta recogidas en distintos momentos del año y documentó 163 casos donde describió los efectos y la mejor (léase más segura) forma de utilizarla. En 1785, Withering publicó *An Account of the Foxglove and Some of its Medical Uses*. Por cierto, *foxglove* en inglés quiere decir 'guante de zorro'. La obra de Withering sobre la dedalera incluía informes sobre ensayos clínicos y notas sobre sus efectos y toxicidad, así que se le atribuyó la estandarización de las preparaciones y la dosis de esta planta.

> La dedalera, cuando se da en grandes y repetidas dosis, ocasiona vómitos, diarrea, mareos, visión confusa, hace que los objetos parezcan verdes y amarillos, aumenta la secreción de la orina y produce pulso lento (tanto como 35 en un minuto), sudores, convulsiones, síncope y muerte.
>
> *An Account of the Foxglove and Some of its Medical Uses*

Un episodio de esta historia quedó reflejado en un cuadro de William Meade Prince (1893-1951) donde aparece el doctor Withering dándole soberanos de oro (una moneda británica de principios del siglo XIX) a la señora Hutton a cambio de información. A propósito, ¿no piensas cada vez que lees *Withering* en una de las casas de Hogwarts? *Withering... Slytherin*.

Una historia curiosa, ¿verdad? Lástima que, como Hogwarts, tenga más de fantasía que de realidad..., o al menos es lo que las fuentes más fiables consultadas parecen indicar. Aunque algún autor la da como cierta, la verdad es que Withering no menciona en su obra a ninguna señora Hutton ni conoció en persona a ninguna anciana por ese motivo. Parece ser que, simplemente, se le pidió opinión sobre una receta familiar que «una anciana en Shropshire» había mantenido en secreto durante mucho tiempo. Madre Hutton no existió nunca. Fue un personaje mítico creado en 1928 en esa ilustración que te mencioné antes (eso sí es real), pero con un objetivo claro: puro marketing por parte de la empresa Parke-Davis (que luego llegó a ser Pfizer; sí, una de las que desarrolló la vacuna frente al COVID-19 y la inventora del Viagra). Esta compañía preparaba extractos de digital para tratar la hidropesía, así que la historia que te acabo de contar fue una de las mejores campañas de marketing que ha habido para vender un producto farmacéutico. Por lo tanto, la señora Hutton vendría a ser la versión farmacéutica de la abuela de la fabada, que protagonizó las campañas publicitarias de la marca Litoral, o de Elena Francis, que escondía a un grupo de guionistas, todos hombres, para un espacio publicitario del instituto de belleza Francis de Barcelona. Créeme si te digo que esta empresa ya era importantísima antes de reventar el mercado con el Viagra.

William Withering and Mother Hutton, obra de William Meade Prince (1928).

Fundada en 1866, llegó a ser el fabricante de medicamentos más grande y antiguo de Estados Unidos. En 1871 la compañía envió expediciones a América Central y del Sur y a las Indias Occidentales en busca de plantas medicinales, y consiguió producir un medicamento laxante a base de hierbas con la corteza de *Rhamnus purshiana* que usaban los nativos americanos. Esta planta es conocida como *cáscara sagrada* porque los españoles al colonizar América hicieron creer que con su madera se construyó el Arca de

Noé. Detrás de este vinieron muchos más productos farmacéuticos para la dispepsia, la epilepsia, antiinfecciosos, anticonceptivos e incluso vacunas ¡como la de la polio! Parke-Davis llegó a tener contratado al mismísimo Jonas Salk, que colaboró en el desarrollo de esta vacuna. Salk cambió la historia de la medicina. La poliomielitis, popularmente conocida como *polio*, era una temida infección vírica que condenaba a muchos afectados a vivir dependiendo del «pulmón de acero», una cápsula de hierro donde se introducía el enfermo para ayudarle a respirar, que ocupó salas y salas de hospitales durante el brote de los años cuarenta y cincuenta. Las secuelas paralíticas eran frecuentes. Si hoy ya no estamos acostumbrados a ver personas con extremidades de distinta longitud que se pongan calzado adaptado es porque Jonas Salk desarrolló una vacuna efectiva en los años cincuenta. Su aparición redujo los casos con esas secuelas en Estados Unidos de veinticinco mil el año anterior a su uso a doce al año siguiente. Hoy en día la polio se considera afortunadamente una enfermedad erradicada en los países desarrollados (salvo alguna aparición extraordinaria) y solo ha quedado un reducto en partes de Afganistán y Pakistán, donde continúa habiendo transmisión endémica de poliovirus salvajes (y por tanto existe la posibilidad real de que vuelva a expandirse mundialmente). Siguiendo con Parke-Davis, aquí también se desarrolló la primera vacuna bacteriana. La importancia de esta empresa fue tal que su laboratorio de investigación, precioso por cierto, es Monumento Histórico Nacional. Si alguna vez vas a Detroit, en Míchigan, además de visitar el lugar de origen de los coches Ford, no dejes de darte una vuelta por allí y vivir una parte de los hitos de la medicina.

Pues, como te iba diciendo, salvo la figura romántica y adorable de la señora Hutton, todo lo demás es cierto. William Withering destacó en otras disciplinas científicas además de la medicina, como la geología, y entre otras cosas fue miembro de la Lunar Society, tertulia científica que se reunía las noches de plenilunio. Pero como te comentaba antes, fue especialmente relevante en la botánica. A fin de cuentas, como estamos hablando de plantas, te contaré sus otras aportaciones algún día. Aunque fue enterrado el 10 de octubre de 1799 en la antigua iglesia de Edgbaston, en Birmingham, se desconoce el lugar exacto de su tumba. La piedra conmemorativa tiene talladas dedaleras y la planta *Witheringia solanaceae* (a la que dio su nombre) para conmemorar su descubrimiento y su contribución más amplia a la botánica.

Una vez presentada la planta, es el momento de que nos asomemos y saquemos de ella lo que nos interesa. Desde 1785, gracias al doctor Withering, ya sabíamos de su uso medicinal, efectos y dosis, pero no fue hasta 1868 cuando el farmacéutico francés Claude-Adolphe Nativelle proporcionó muestras de una molécula con diferentes grados de pureza conocida como *digitoxina*. Por este descubrimiento recibió en 1872 el Premio Orfila de la Academia Francesa, una medalla y una gratificación de 6000 francos. Un par de años después, en 1874, el médico farmacólogo Oswald Schimiedeberg consiguió una muestra pura de esta molécula. De la planta *Digitalis purpurea* (la que tiene los dedales fucsias) se obtuvieron la gitalina y la gitoxina, moléculas con efectos similares, pero en concentraciones mucho menores, dado que únicamente se hallaban en las hojas. La que nos interesa más es la que el doctor Sydney Smith descubrió en 1930 en las hojas de *Digitalis lanata* (la que tiene los dedales blancos): la digoxina.

Nos vamos a centrar de momento en esta última. La digoxina es una molécula con gran efecto sobre el corazón. De hecho, es uno de los medicamentos más antiguos utilizados en cardiología. Su función terapéutica (usada en la dosis adecuada) está orientada a evitar las arritmias, por lo que se aconseja para la insuficiencia cardiaca o la fibrilación ventricular, entre otras patologías. Te dije al principio de este capítulo que esta planta (exactamente lo que se obtiene de ella) está salvando millones de vidas, ¿te acuerdas? La digoxina está en la Lista Modelo de Medicamentos Esenciales de la Organización Mundial de la Salud, en todos sus formatos: oral e inyectable.

A pesar de su eficacia, tiene dos grandes problemas. Por un lado, los efectos secundarios del tratamiento están relacionados con la intoxicación por digoxina, y es que no es difícil que esto ocurra. Verás. La digoxina tiene un estrecho índice terapéutico, por lo que tomarla, con su pequeño margen entre efectividad y toxicidad, es como andar por el filo de la navaja. Y, por otro lado, la digoxina se acumula más en los órganos que en la sangre, lo que significa que la hemodiálisis, como medida que se lleva a cabo para ciertos casos de sobredosis, no sería efectiva en esta situación, puesto que depurar la sangre no ayudaría. El tratamiento es complicado porque hay que manejar la dosis de este principio activo con sumo cuidado y, por supuesto, siempre bajo prescripción médica. De lo contrario, podría ser fatal. Entre los efectos secundarios que puedes sufrir hay uno muy curioso, pero tenemos que remontarnos atrás en el tiempo...

Acompáñame al posimpresionismo del siglo XIX, en concreto a la Provenza francesa, donde vivía un pintor procedente de los Países Bajos. Vamos a analizar la obra de una de las máximas figuras de este estilo: Vincent van Gogh. Ciertamente sus pinturas son maravillosas, llenas de colores llamativos y sugerentes. Van Gogh atravesó diferentes etapas a lo largo de su (corta) vida artística en las que sus obras fueron evolucionando y, en todas, siempre destacó el empleo magistral del color. Sin embargo, hay una etapa de su obra en la que predomina un color por encima de todos:

el amarillo. Entre 1886 y 1890 van Gogh pintó al menos 638 cuadros en los que no solo destaca el alto contenido en amarillo, sino la poca presencia de otras tonalidades frías. Te pongo algún ejemplo: *Autorretrato con sombrero de paja* (1887), *Membrillos, limones, peras y uvas* (1887), *Jarrón con catorce girasoles* (1888). La pintura de los membrillos es un bodegón prácticamente monocromático de tonalidades amarillentas.

Esta incuestionable predilección de Van Gogh por el color amarillo sigue siendo un misterio porque se ha relacionado con distintas causas, como glaucoma, envejecimiento del cristalino, insolación, intoxicación etílica o simplemente que le gustaba el amarillo y ya. Sin embargo, una de las teorías más plausibles es una intoxicación por digital. En esta época, la digital se utilizaba para diversas patologías, entre ellas para tratar las crisis maniaco-depresivas, así que el pintor la consumía para paliar los ataques que sufría, puesto que se le atribuían propiedades sedantes y antiepilépticas. Los pacientes que se administraban un exceso de digital desarrollaban xantopsia, un predominio del color amarillo en la percepción visual. La verdad es que este efecto no es exclusivo de la intoxicación por la dedalera, de hecho, puede aparecer en personas con cataratas, ictericia o intoxicación con otros compuestos. El caso es que en 1890 Van Gogh se estableció en la preciosa región de Auvers-sur-Oise, donde finalmente murió y fue enterrado. Allí lo trató su médico, el homeópata doctor Gachet (*medicina* y *homeopatía* no deberían ir juntas en la misma frase, pero lo pasaré por alto, teniendo en cuenta que hablamos de 1890). Según el manual de Hahnemann de la homeopatía, hay más de setenta indicaciones para usar digital: enfermedades melancólicas, hipocondría, alteraciones mentales, etc., y Van Gogh tenía varias. El doctor Gachet le trató la epilepsia y la depresión. El hecho de que el facultativo fuera coleccionista de obras de arte y un amante de la pintura seguramente influyó en la buena relación entre ambos. Van Gogh llegó a inmortalizarlo en un par de ocasiones y en uno de sus lienzos aparece sujetando, ¡oh, sorpresa!, una rama de dedalera.

Primera versión del *Retrato del doctor Gachet*, obra de Van Gogh (1890).

Si se debía a la intoxicación con digital, por ser el color que representaba sus sentimientos o estado de ánimo o simplemente por una obsesión con el color amarillo, su predilección por este tono sigue siendo, al igual que su muerte y su padecimiento durante su vida, un misterio en torno a la figura de este prolífico artista.

¿Recuerdas que antes te hablé de la digitoxina? Es muy similar a la digoxina en cuanto a su estructura y sus efectos, aunque, más que para la práctica clínica, en la que la digoxina se ha vuelto insustituible, ha quedado relegada para otros usos, en concreto para cometer crímenes tanto en la realidad como en la ficción.

Marie Alexandrine Becker, también conocida como la Viuda Negra (diría que no ha sido la única), fue una asesina en serie belga de los años treinta que usó digitoxina para matar a once personas, aunque se sospecha que fueron más. La condenaron a muerte, pero dado que ya no había pena capital en Bélgica, su sentencia se conmutó por la cadena perpetua. Falleció en la cárcel en 1942 a los sesenta y dos años. En la ficción, tanto la digoxina como la digitoxina han aparecido en obras de Agatha Christie (estas también), episodios de *CSI*, de *Columbo* o de *Se ha escrito un crimen*, canciones y novelas, entre otros. Y es que ya se sabe que detrás de un buen crimen siempre hay un buen veneno. Rápido, limpio (esto es de agradecer) y camuflado de muerte natural. Hace unos años estrenaron una película llamada *Corre* donde se representa la digoxina con el nombre de *trigoxina*. Es el fármaco que una madre le administra a su hija, con la que mantiene una relación posesiva y hasta siniestra, para tenerla cerca y bajo sus cuidados, haciéndole creer que está enferma. Como no tiene acceso a un smartphone ni a internet, sino solo a un teléfono de línea, la hija llama al azar a alguien para que le lea la definición de su medicamento: «Fármaco de marca que trata afecciones cardiacas graves, incluyendo la fibrilación auricular, aleteo o insuficiencia cardiaca». Si no la has visto, es un *thriller* bastante decente.

Es probable que, a estas alturas, aunque sabemos para lo que está indicada la digoxina, te puedas preguntar si se ha investigado su uso en cáncer. La respuesta corta es que sí. ¿Y tiene alguna eficacia? Pues veamos. Lo que dice la ciencia es que no parece que pueda tener efecto antitumoral en humanos o, mejor dicho, si lo tiene, es a una dosis tan elevada que no podría asumirse. Más bien al contrario; se ha visto que, dado que este tipo de moléculas denominadas *glucósidos cardiacos* tienen una actividad similar a los estrógenos, podrían ser responsables de aumentar el riesgo de desarrollar ciertos tipos de tumores.

Sin embargo, en un estudio realizado en 2021 por investigadores españoles se descubrió algo muy prometedor, eso sí, en ratones. Tras la administración de digoxina, los roedores no solo dejaron de ser obesos, sino que también se curaron de las enfermedades metabólicas que padecían a causa del sobrepeso (disminuían el nivel de colesterol y la presión arterial, y se normalizaba la glucosa). Ya se sabía que la digoxina actúa sobre la interleucina IL-17A, una molécula producida por un tipo de linfocitos T que participa favoreciendo la inflamación. Parece ser que cuando se inhibe la producción de IL-17A o la ruta de señalización que desencadena esta molécula, no hay obesidad. Si en un futuro se confirman estos hallazgos en humanos, el fármaco no solo serviría para evitar la obesidad, sino también para patologías asociadas a ella, como la hipercolesterolemia, la esteatosis hepática o la diabetes tipo 2.

Por otro lado, en una mujer embarazada pueden ocurrir varias situaciones. Si su bebé tiene un fallo cardiaco congestivo o taquicardia, se le puede administrar por vía materna para salvar su vida. Lo que ocurre es que, si la mamá se intoxica con digital estando embarazada, podría provocarle un aborto o muerte fetal. Al margen de esto, hay ocasiones en las que durante el segundo trimestre de embarazo puede darse alguna circunstancia que se traduzca en un mayor riesgo de complicaciones en las siguientes semanas y hay que tomar la durísima decisión de interrumpir la gestación. En este caso, se acude a una inyección intraamniótica de digoxina, que causa la muerte fetal en pocas horas.

La dedalera nos ha proporcionado una de las moléculas que podríamos decir que han sido vitales para la evolución de la medicina, cuya historia está marcada por leyendas, sucesos y episodios de literatura, cine y televisión que han mostrado su cara oscura. Queda claro que esta preciosa planta de dedales blancos dibuja una línea muy fina entre la vida y la muerte. Y gracias a ella mucha gente vive.

Hay otra planta a la que estamos tan acostumbrados que podemos tomar por inocua y, sin embargo, entraña un riesgo demasiado cercano...

Nombre común	Dedalera, digital
Nombre científico	*Digitalis purpurea, D. lanata*
Usos populares	Veneno, eliminar el apetito, epilepsia.
Usos confirmados por la ciencia	Regular la actividad cardiaca en caso de arritmias.
Curiosidades	A pesar de ser una planta nativa del Viejo Mundo, fue introducida en América en épocas muy tempranas, donde se asilvestró fácilmente y se le puede encontrar en las farmacopeas tradicionales de algunas culturas como la mapuche (sur de Chile), donde existe hasta una palabra nativa para denominarla.

6.2

EL LAUREL QUE NO ADORNA LOS GUISADOS

El nombre científico *Nerium oleander* igual no te dice nada, pero su nombre común es clave: adelfa. ¿Ya la reconoces? Si te digo que sus hojas se parecen al laurel (hasta es conocida como *rosa laurel* y *laurel cerezo*), sus flores son rojas, salmón, blancas, rosas o amarillas y que está en banquetas, parques, jardines, camellones de las carreteras y por todas partes, de seguro ya sabes cuál es. Apostaría a que a menos de cinco minutos de tu casa tienes alguna.

Adelfa (*Nerium oleander*).

Etimológicamente, *adelfa* deriva del griego *dafne*, el laurel, a través del árabe دفلى, *diflà*. Lo de por qué se llama *dafne* tiene su historia. Apolo era un dios romano muy guapetón. Un día estaba molestando a Eros con que utilizaba sus flechas para algo útil, no como él, que solo las utilizaba para que la gente se enamorara. Eros, que ese día tenía poco aguante, le disparó una flecha a Apolo, que se enamoró perdidamente de la ninfa Dafne, que tuvo la mala suerte de pasar por ahí. Lo que hizo Eros, para completar su venganza, fue dispararle a la ninfa una flecha de plomo, que hacía que Apolo le causara repulsión. Apolo empezó a perseguir a Dafne y esta solo quería huir de sus garras, así que pidió ayuda al dios Zeus. Y este lo solucionó convirtiéndola en un árbol de laurel. Apolo se entristeció al ver a su amada convertida en árbol y le concedió el don de la inmortalidad (léase, es un árbol de hoja perenne y no «muere» en invierno), y por eso en los Juegos Olímpicos, consagrados al dios Apolo, a los ganadores se les da una corona de laurel en recuerdo de su amor por Dafne.

Pero Dafne escondía un as en la manga. Si te estoy hablando de ella ahora, es porque sus efectos son exactamente los mismos que los de la digital, con las mismas consecuencias. Toda la planta es venenosa, pero en las raíces, hojas y tallos (por este orden) vamos a encontrar mayor concentración de una molécula similar a la digoxina, pero muchísimo más tóxica: la oleandrina. Es la responsable de la toxicidad que tiene la savia de la adelfa, ese líquido blanquecino por el cual se recomienda usar guantes para su manipulación a la hora de podarla, por ejemplo. A diferencia de la digoxina, la oleandrina no está aprobada por las agencias reguladoras como medicamento, lo que no quita que en medicina tradicional se haya usado, y ¡qué imprudencia!

Lo mejor que te puede pasar es una dermatitis de contacto que desarrolla sarpullido, inflamación y reacción alérgica en la piel o irritación ocular grave, pero podemos ir *in crescendo* y, si la has ingerido, pasar al dolor de cabeza, síntomas gastrointestinales como náuseas, vómitos, diarrea con sangre... y alteraciones cardiacas como arritmias, bloqueo auriculoventricular, temblores, convulsiones, coma y finalmente la muerte. Por este motivo es tan importante no tocar ni probar lo que no se conoce. Precisamente el té de estas hojas provoca una aparición más aguda y rápida que si comieras hojas. Si hay plantas que tienen bayas u otro tipo de frutos de colores vivos, plantéate que a lo mejor no es para que a ti te gusten, sino para que le gusten al animal que se lo va a comer y va a dispersar sus semillas con las heces. Si la planta tiene esos frutos venenosos, seguramente al animal que se lo va a comer no le afecta en absoluto. A ti sí. Se llama *evolución*.

¿Significa esto que si por accidente alguna parte de la adelfa termina dentro de tu cuerpo es una condena a muerte? No necesariamente. Depende de lo que hayas ingerido, cuánto y del tiempo que tarden en atenderte. Su sabor es fuertemente amargo y eso, querido lector o lectora, es lo que muchas veces nos salva la vida. Eso también es evolución. Con la arúgula o la col, no vale, ¿eh? En ese caso, como acabamos de ver en el capítulo anterior, son otros compuestos los responsables de su amargor y no solo no te van a matar, sino que son beneficiosos. En los años setenta ya se reportó que una sola hoja de adelfa había matado a una oveja. Si tenemos en cuenta que la dosis letal para animales es de 0.5 miligramos por kilo, bastarían solo 35 miligramos para matar a un animal de 70 kilos. Y 30 miligramos puede ser el peso de un comprimido.

Sabiendo esto, ¿no te sorprende que este arbusto/árbol lo tengamos por todos lados, incluyendo parques infantiles? El motivo por el que su uso ornamental está tan extendido es muy sencillo. Es una planta de clima mediterráneo y, por tanto, muy resistente a la sequía. Apenas requiere mantenimiento, así que es superagradecida y donde se pone florece sin cuidado alguno. Eso está bien. Si pensamos en los camellones de las carreteras, el crecimiento de estos frondosos arbustos impide que los conductores de un sentido se puedan deslumbrar con los coches que circulan en sentido contrario. Además, en caso de choque con el camellón, esta vegetación podría absorber gran parte del impacto. La parte negativa es que sería necesaria una poda regular para que las ramas no obstaculizaran la visión del conductor en carretera o senderos peatonales. Todo parecen ventajas. Lo que me preocupa es que esta planta esté al alcance de cualquiera, incluidos niños pequeños y mascotas. En el bazar más cercano a mi casa, la tienen en la puerta acompañando a plantitas de perejil, hierbabuena y menta, margaritas, algún rosal enano, teléfonos y cóleos. No termina ahí la cosa. Lo curioso es que en España la venta de esta planta al público con fines medicinales, así como la de sus remedios, está prohibida por razón de su toxicidad, y su uso y comercialización se restringe a la elaboración de especialidades farmacéuticas, cepas homeopáticas y a la investigación... Pero no tendrás ningún problema en encontrarla en las tiendas.

Como muchas otras plantas, la adelfa también se ha usado en medicina tradicional. Eso sí, sin ninguna evidencia de su seguridad o eficacia. Sin embargo, no le han faltado pretendientes, sin ir más lejos, desde el propio gabinete del expresidente Donald Trump. En plena pandemia de COVID-19, un importante impulsor del entonces máximo dirigente de Estados Unidos e inversor en una empresa que desarrolla oleandrina promovió, junto con el secretario de Vivienda y Desarrollo Urbano, Ben Carson, el uso de esta sustancia como un tratamiento potencial de la enfermedad en una reunión con Trump, quien, por cierto, se mostró entusiasmado con esa molécula. Él se enamora fácilmente de los engaños. Lo mismo le pasó con la cloroquina, y alguno que otro murió por hacerle caso. ¿No te recuerda esto al MMS (lejía) promocionado por el payés Pàmies para curar el ébola, el cáncer, el autismo, la malaria y también, cómo no, para el COVID-19? Pues ambos tienen el mismo efecto: ninguno. Mejor dicho, ninguno bueno. Pueden causar la muerte en ambos casos. Siempre me pregunto por qué no tratan de engañar a la gente con una molécula que sea inocua; al menos solo le quitarían el dinero y no la salud.

Fue una época de preocupación por parte de la comunidad científica, lo cual es lógico si pensamos en el poder de Trump y la posibilidad de forzar la aprobación de esta molécula. Pero, por suerte, el recorrido de la oleandrina como posible tratamiento para el COVID-19 fue muy corto, ya que la FDA rechazó la solicitud.

¿Recuerdas las bufotoxinas del sapo de Sonora de las que te hablé? Pues algunas de ellas tienen exactamente el mismo efecto de la digital y de la adelfa. Acuérdate de estas plantas y, cuando las veas, huye de ellas de inmediato.

Nombre común	Adelfa
Nombre científico	*Nerium oleander*
Usos populares	Ornamentación. Remedio como ungüento frente a la sarna.
Usos confirmados por la ciencia	Tóxica. Se está investigando como tratamiento para el cáncer, pero de momento no muestra beneficios y sí muchos efectos secundarios.
Curiosidades	A pesar de que la venta de esta planta para uso medicinal está prohibida, es frecuente verla en parques, jardines y carreteras.

7

VENAS Y ARTERIAS. PLANTAS PARA QUE TU SANGRE FLUYA

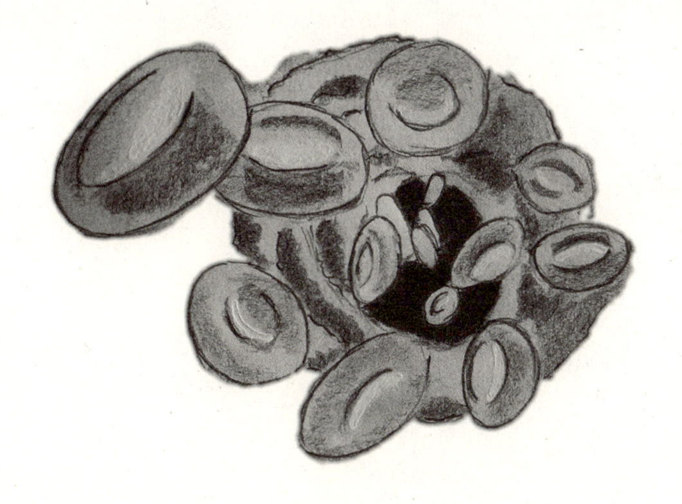

7.1

LA FRUTA SAGRADA DEL JARDÍN

En un lugar del reino de Tartesia, situado en el suroeste de la península ibérica, existía un hermoso jardín con un árbol cuyo fruto eran unas manzanas doradas que proporcionaban la inmortalidad a quien las consumía. Era un regalo de bodas que recibieron Hera y Zeus. Necesitaba vigilancia y

Naranjo (*Citrus* x *sinensis*).

cuidados. Y de eso se encargaban las Hespérides, que dieron nombre a tan preciado jardín.

Aquellas manzanas doradas de la inmortalidad bien podían ser manzanas... o naranjas.

Estoy segura de que después de leer lo que te voy a contar verás las cosas de forma distinta que hasta ahora.

Como ya comentamos, las plantas tienen sutiles pero muy efectivas armas de defensa contra todo tipo de agresiones. Cuando un depredador trata de alimentarse de una planta, esta reacciona. Si hay sequía o sufre cualquier penalidad, el reino vegetal usa diferentes estrategias para perpetuar su existencia y descendencia. Y lo hacen calladamente con sus colores, con moléculas volátiles perceptibles por otras plantas o con sustancias tóxicas que alejen a los animales que de ellas se nutren. ¿Serán las Hespérides las encargadas de su guardia?

Distintos flavonoides que pigmentan diversas partes de la planta, como las antocianinas, los carotenos o las xantofilas, no solo nos muestran la belleza de una flor o una hoja, además son su coraza para proteger su sistema fotosintético frente al efecto de la radiación solar. Otros polifenoles menos visibles evitan que la planta sufra por motivos diferentes, como el ataque de microorganismos. Una de esas defensas tiene un nombre que proviene de las ninfas jardineras al cuidado del valioso regalo de Zeus: la hesperidina.

Este flavonoide, una sustancia cristalina de sabor amargo, lo descubrió en 1828 el químico y boticario francés M. Lebreton en la capa interna blanca de las cáscaras de cítricos como las naranjas o los limones. Por cierto, ¿cómo llamas tú a esa parte? Su nombre es *albedo* y se trata del *mesocarpio* del fruto, término botánico que vendría a ser la parte intermedia del fruto que hay entre la piel y lo que rodea a las semillas.

Los flavonoides son unas moléculas muy interesantes desde el punto de vista químico. Son orgánicas, es decir, están basadas en la química del carbono y las forman varios anillos de seis átomos de este elemento. Dos átomos de carbono pueden unirse por un enlace químico simple (compartiendo dos electrones), doble (compartiendo cuatro electrones) o triple (compartiendo seis). Los anillos de carbono de los flavonoides tienen la particularidad de que alternan enlaces dobles y simples. Esto permite que se cree una estructura muy particular, llamada *estructura de resonancia*, que a efectos prácticos hace que los enlaces estén deslocalizados. Como si los electrones de los dobles enlaces no estuvieran en una posición fija, sino que dan vueltas en círculo alrededor del anillo. Cuando una molécula genera esta estructura, adquiere la capacidad de aceptar más electrones de los que le corresponden. ¿Y sabes cómo se llama a una molécula que suelta electrones? *Radical libre* o *especie reactiva de oxígeno*, es decir, un temido oxidante, los malos malísimos de la bioquímica, causantes del envejecimiento celular, de las mutaciones en el ADN y de otras muchas catástrofes. Por lo tanto, los flavonoides son la defensa natural contra los oxidantes.

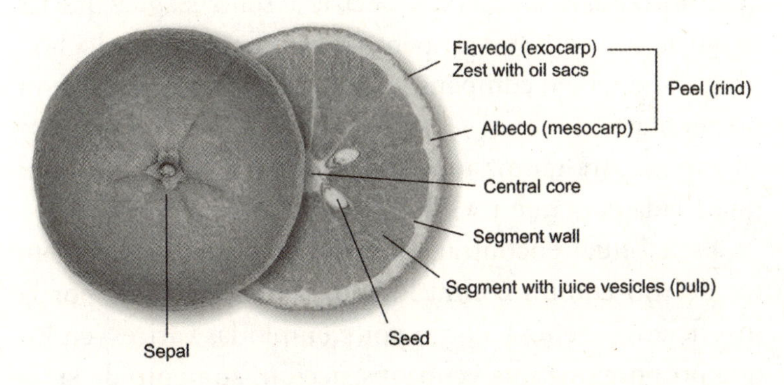

Partes de un cítrico donde se observa el albedo.

Este descubrimiento fue aprovechado comercialmente, con el nombre de Hesperidina, para crear una bebida de agua con cáscaras de naranja y azúcar, esencia de azahar, manzanilla y otras hierbas, reposadas en un alcohol. Fue todo un éxito y tuvo pronto imitaciones. Se llegó a utilizar en los hospitales y como remedio para los soldados que participaron en la guerra de la Triple Alianza (Argentina, Brasil y Uruguay) entre 1864 y 1870 contra Paraguay. Por cierto, se considera que este ha sido el conflicto en el que mayor porcentaje de la población de un país murió (en este caso, la del Paraguay), lo que creó un importante desequilibrio demográfico.

Según su inventor, el estadounidense Melville Sewell Bagley, «esta bebida de nuevo género es un tónico por excelencia; el específico más seguro contra las afecciones nerviosas del estómago, cabeza, intestinos y corazón; un remedio pronto, eficaz y agradable para la cura de la dispepsia, indigestión, dolor de caballo, estreñimiento, cólicos, diarrea, disentería, flujo, clorosis y ataques nerviosos. Estimula y entona el sistema nervioso. Promueve las saludables secreciones del cuerpo».

Leer esta declaración sobre su producto da que pensar. ¡A ver si las naranjas son verdaderamente aquella fruta de la inmortalidad! Habría que decirle al señor Bagley que las naranjas son muy sanas, pero si las mezclas con alcohol, ningún beneficio compensa la toxicidad de este, así que ya no cuenta.

No es para tanto, aunque la hesperidina sí podría ser una aliada para nuestra salud.

Es habitual encontrar este flavonoide en medicamentos de uso común contra los problemas causados por la insuficiencia venosa, como por ejemplo las varices, en los que proporciona una venoconstricción, aumento de la resistencia de los vasos y disminución de su permeabilidad.

Con frecuencia se asocia a otro flavonoide, la diosmina, que se encuentra, sobre todo, en las naranjas amargas.

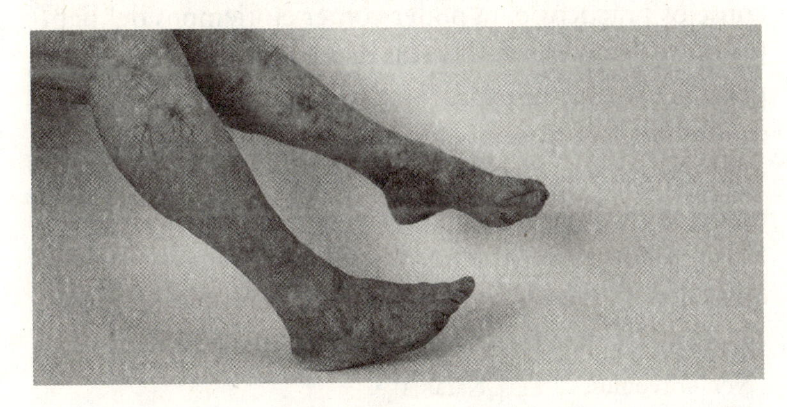

Varices.

Se considera que la hesperidina podría tener un inmenso potencial en aplicaciones de productos para la salud de la piel limpia debido a sus posibles propiedades antioxidantes, antiinflamatorias y anticancerígenas. Aunque nada de esto está confirmado científicamente, en febrero de 2024 se ha publicado una revisión que explora las metodologías de extracción y purificación de hesperidina, así como las áreas clave de su aplicación en el cuidado de la piel: (a) antienvejecimiento y mejora de la barrera cutánea, (b) daño inducido por la radiación UV, (c) condiciones de hiperpigmentación y despigmentación, (d) cicatrización de heridas y (e) cáncer de piel y otras enfermedades cutáneas. Hay estudios prometedores, pero lo cierto es que son limitados y, como digo, hoy por hoy no tenemos evidencias sólidas que avalen estos beneficios.

Así que ya sabes, cuando comas una naranja recuerda que es posible que esa pielecita blanca, que siempre hemos quitado, pueda darnos buenas noticias en el futuro. No deberíamos tirarla, y no solo por la hesperidina, sino como homenaje a tus mayores. En plena posguerra civil (1940), el gastrónomo Ignasi Domènech publicó un libro clásico llamado *La cocina de recursos (deseo mi comida)* que recogía consejos prácticos para poder comer en tiempos del hambre. Una de las recetas clásicas de ese libro es la tortilla de papas sin huevos ni papas. Sí, leíste bien. El truco era utilizar piel de naranja remojada para simular la papa y harina y bicarbonato para el huevo. Era una receta del hambre, pero rica en antioxidantes (con algo hay que conformarse). Hoy por hoy, como mucho, nos conformaremos pensando que tal vez estemos tomando un fruto propio de dioses.

Nombre común	Naranja
Nombre científico	*Citrus* x *sinensis*
Usos populares	Alimentario, aromatizante.
Usos confirmados por la ciencia	Fuente de antioxidantes o de fibra alimentaria.
Curiosidades	Los cítricos son originarios de China, de la provincia de Yunnan, y su llegada al Mediterráneo se produce en épocas tardías y no empiezan a cultivarse hasta la llegada de los árabes. Prueba de ello es que en latín no existía palabra para el color naranja y que el nombre *cítrico* procede de la palabra griega para 'cedro', ya que se asociaba con esta planta por el intenso aroma que despiden ambas, aunque realmente un cítrico no tiene nada que ver con un cedro.

8

GENITALES. PLANTAS QUE REGULAN EL CICLO

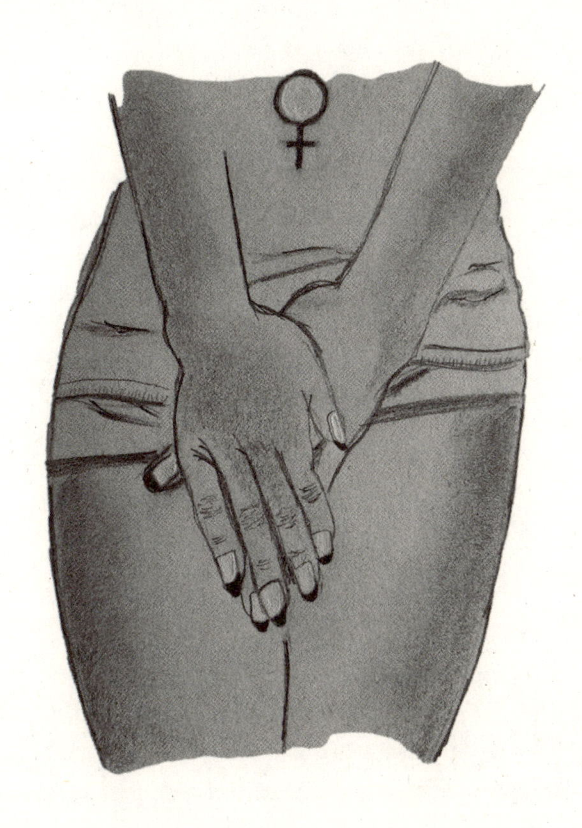

8.1

LA PLANTA EXTINTA

En más de 400 millones de años las plantas han logrado superar todo tipo de adversidades, incluyendo glaciaciones y extinciones que acabaron con los animales terrestres más antiguos conocidos. Sin embargo, a pesar de sus adaptaciones y del arsenal bioquímico y molecular del que disponen para hacer frente a casi cualquier contratiempo, hay uno con el que no pueden luchar... la ambición del hombre.

La leyenda decía que fue un regalo del dios Apolo, así que ya te puedes imaginar su valor... Aunque Apolo hacía malas bromas, y si no que se lo pregunten a Dafne. Hablamos de una delicada planta de flores doradas, el silfio, y, realmente, aunque el tallo y la raíz alimentaron a griegos y romanos en forma de distintas preparaciones culinarias, lo codiciado era su resina, utilizada como condimento gastronómico y medicina. El nombre latino de la planta es *laserpicium*, y de ella se extraía el láser o jugo cirenaico, que era la resina aromática que exudaba la planta. El láser se obtenía tanto de la raíz (y se llamaba *rizias*) como del tallo (y se denominaba *caulias*), aunque este último era de peor calidad y con tendencia a estropearse. Lo que hacían era verter estos fluidos en recipientes sobre una capa de salvado y se dejaban madurar agitándolos de vez en cuando para evitar su putrefacción. Se sabía cuándo había madurado por el cambio de color y la desaparición de la humedad.

Esta especie silvestre tan aparentemente quebradiza fue la base de la economía en la provincia romana de Cirenaica, lo que hoy es la costa norte de Libia, desde donde se exportaba al resto del Imperio; la mayoría de las culturas mediterráneas la utilizaban ampliamente. Si te fijas, es habitual que algunas monedas tengan la imagen de una planta (a veces símbolo nacional) que es un cultivo relevante para esa cultura, bien por su importancia económica o porque es el que da de comer a más gente. Algunos ejemplos son los yenes japoneses, que han representado el arroz (este cereal fue domesticado en Asia); las rupias indias, que muestran el trigo (las nuevas variedades desarrolladas en los años sesenta por el agrónomo genetista Norman Borlaug salvaron a India de la hambruna); los kobos nigerianos, que incluyen el maíz (curiosamente, en enero de 2024 Nigeria acaba de liberar comercialmente el maíz TELA, resistente a la sequía y a varias plagas), o el cacahuate plasmado en la moneda de Gambia, un homenaje al cultivo más importante del país. El silfio llegó a aparecer en la moneda de Cirene y fue protagonista de cantares y poemas, además de verse representado en la artesanía de la época.

Silfio en una moneda de Magas de Cirene c. 300-282/75 a. C.

Durante el gobierno de Julio César, se llegaban a almacenar más de 450 kilos de esta planta junto con el oro en los tesoros imperiales de Roma, y los plantones de silfio se valoraban al mismo precio que la plata. Ya lo dijo Plinio el Viejo en su *Historia natural* hacia mediados del siglo I cuando la planta ya prácticamente había desaparecido:

> ... el laserpicio, al que los griegos llaman *silfion*, originario de Cirenaica, cuyo jugo es llamado *láser*, es excelente para uso medicinal y es pesado en denarios de plata...

Plinio el Viejo, *Naturalis Historia*, libro XIX, cap. 15.

Veamos por qué se le rendía pleitesía a esta planta tan frágil.

El silfio llegó a ser muy cotizado tanto por sus propiedades medicinales como culinarias. En la cocina, qué quieres que te diga..., tenía que ser muy bueno como para que un tallo o una raíz tan endeble se convirtiera en algo tan valioso, ¡ni que fuera aceite de oliva en el 2023! Mientras te cuento esto estoy pensando en los *calçots*, que podrían ser lo más parecido hoy en día y, oye, ni tan mal. ¿Te imaginas a Felipe VI entre dos *calçots* en la moneda de euro? *De re culinaria* es el libro de recetas de cocina grecorromana compiladas por el chef sibarita Marco Gavio Apicio, publicado aproximadamente en el siglo V d. C. Lo que hoy sería un recetario escrito por Dabiz Muñoz, el creador de DiverXO y considerado el mejor chef del mundo, por aquel entonces mencionaba el silfio como condimento alimenticio.

En Cirenaica se consumía el tallo asado o cocido y tenía efectos purgantes y purificadores. Los griegos solían comer los extremos tiernos del tallo, y los romanos, el tallo entero y hasta la raíz, cortada y en vinagre.

La exportación de silfio representada en cerámica de Laconia, siglo VII a. C.

En cambio, en medicina era una panacea. Plinio menciona su uso para la tos, el dolor de garganta, la fiebre, indigestión, verrugas y prácticamente para cualquier dolencia. Sin embargo, había un uso específico que dominaba sobre los demás: el de anticonceptivo y abortivo. Como abortivo, el láser se mezclaba con lana y se aplicaba como un supositorio vaginal, conocido como *pesario*... Hipócrates dejó escrito: «Cuando el abdomen sobresalga y no quede en su lugar, se raspa el silfio más fino y compacto en trozos pequeños y se aplica a modo de cataplasma».

Plinio le atribuye específicamente utilidad para provocar la menstruación en caso de embarazo no deseado, lo cual suena bastante verosímil porque muchas plantas de la misma familia presentan propiedades estrogénicas y abortivas, así que, sí, podría ser. De hecho, con este fin, Dioscórides recomendaba tomarlo bebido con pimienta y mirra.

Y ahora viene la mala noticia. La única evidencia que nos queda del silfio es alguna que otra imagen (pocas) que se ha conservado y descripciones, pero realmente no hemos podido estudiarla porque simplemente ya no existe. ¿O tal vez sí?

Desde el punto de vista botánico pertenece a una gran familia, que son las apiales, con muchos parientes entre los que encontramos la zanahoria, el hinojo, el perejil, el apio o la tan famosa cicuta que envenenó a Sócrates. El nombre de esta familia igual no te dice nada, pero son muy fáciles de reconocer. Verás, seguramente te has cruzado con alguna planta silvestre con las florecillas agrupadas formando un abanico, como las varillas de un paraguas, ¿verdad? Esa familia de plantas antes se llamaban *umbelíferas*, y ¿sabes de dónde viene ese nombre? *Umbella* en latín significa 'parasol', 'sombrilla', y es diminutivo de *umbra*, que quiere decir 'sombra', y *ferre*, 'llevar'. Cuando vayas un domingo al campo y veas esas flores en forma de paraguas, ya sabes que son umbelíferas.

Género *Ferula*.

Pues lo que te decía: el silfio, dentro de esta familia, se relaciona con el género *Ferula*, más que nada por su similitud y porque Estrabón, geógrafo e historiador griego nacido en 63-64 a. C., usaba indistintamente silfio y asafétida (*Ferula assafoetida*), una planta perteneciente a este género y que también produce una resina apreciada, aunque se utilizaba como sustituta de menor calidad que el silfio. Si efectivamente el silfio pertenece al género *Ferula*, estaríamos hablando de una herbácea perenne de 1 a 4 metros de altura con esas umbelas de color amarillo. En algunos textos antiguos se menciona que la planta era silvestre y prácticamente imposible de cultivar. Sus hojas, llamadas *maspetum*, eran parecidas al perejil, y tenía raíces fuertes y abundantes y un tallo de un grosor parecido a la asafétida (5-8 centímetros de diámetro). Ahora empieza a tener sentido lo del uso gastronómico.

No podemos confirmar ninguno de sus efectos ni los beneficios que se le atribuyen. Sin embargo, sus parientes más cercanos, en concreto la asafétida, se ha comprobado que pueden inhibir la fertilidad en ratones y que el láser puede actuar como anticonceptivo y abortivo en humanos. Por tanto, si asumimos que el silfio pertenece al género *Ferula*, es altamente probable que actúe como la asafétida.

El silfio nunca llegó a ser domesticado y, como decía mi abuela, de tanto ir el cántaro a la fuente, al final se rompe. Si hay una sobreexplotación de esta planta y no podemos cultivarla, llega un momento en el que desaparece.

Y eso posiblemente fue lo que ocurrió. Ojo, que en ese consumo desmesurado también tuvo mucho que ver el uso excesivo que le dieron las mujeres romanas, dado que el emperador Octavio Augusto castigaba el sexo extramatrimonial y claro, si no te atrapaban in fraganti, únicamente te podía delatar un embarazo.

Realmente hay varias hipótesis, pero como ocurre en muchas ocasiones, no suele haber una única causa, sino una combinación de una serie de factores. En este caso, la sobreexplotación parece la principal razón, pero es que, además, hay que sumar que el área donde crecía el silfio era muy pequeña (apenas una franja de 50 kilómetros de ancho y 200 de largo) y justo ahí el pastoreo era excesivo. Para los animales, esta hierba también era una *delicatessen*. Todos estos ya son motivos suficientes. Pero sumamos uno más: el cambio climático de origen antropogénico, es decir, la actividad humana y el crecimiento de la población en esa región, que modificó los patrones climáticos. Cada vez llovía menos, y esto coincidió con un aumento de la temperatura durante el llamado *periodo cálido romano*, así que finalmente la desertificación propició su desaparición.

De cualquier forma, hacia el año 50 ya no había láser en Cirene. Plinio narra que una única planta fue hallada en su época y que fue enviada a Nerón como obsequio:

> ... Un único tallo, enviado a Nerón, es todo lo que ha sido hallado (en Cirenaica) en la memoria de nuestra generación [...]. Desde entonces no ha sido importado otro láser que aquel de Persia, Media y Armenia, donde crece en abundancia, aunque muy inferior al de Cirenaica, y además es adulterado con resina, sacopenio o frijoles molidos...

Plinio el Viejo, *Naturalis Historia*, libro XIX, capítulo 15

¿Y si te dijera que se ha encontrado silfio recientemente?

Es una historia curiosa que no viene de ahora. Mahmut Miski es un profesor de la Universidad de Estambul que lleva décadas dedicado a la botánica farmacéutica. Hace cuarenta años encontró una planta muy particular en la región de la Capadocia, en el centro de Turquía. Buscaba especies del género *Ferula* para evaluar los compuestos de interés farmacológico y encontró una especie de la que solo se había recogido un espécimen en 1909. Él sospecha que se trata de la misma especie, extinta desde hace casi dos mil años.

¿Podría tratarse del silfio? Veamos por qué sí y por qué no, y saca tus propias conclusiones.

Al igual que el silfio, le resulta deliciosa al ganado. Morfológicamente es similar. Como con el silfio, esta especie brota de manera natural tras un aguacero y también es difícil de cultivar (en este caso, trasplantar). Y ya. En cambio, esta nueva especie se ha encontrado a más de 1000 kilómetros de donde se producía el silfio. Aun así, ¿podría ser? Pues sí, porque según los expertos, no hay ninguna razón por la que la gente de Cirenaica no pudiera haber llevado las semillas a Capadocia y haberlas plantado.

La única forma real de confirmar si se trata de la misma planta sería compararla con la auténtica y eso ya no es posible. Sin una muestra superviviente sobre la que no hubiera ninguna duda no se puede realizar un análisis genético y, por tanto, es imposible concretar su identidad. Sería como identificar a un criminal si solo tenemos su ADN y no hay ningún sospechoso o determinar la paternidad de una persona que no tiene ascendencia ninguna.

Teniendo en cuenta que la asafétida tiene miles de usos medicinales, la mayoría de dudosa evidencia científica, y que, al igual que el silfio, es una planta silvestre que nunca ha llegado a ser domesticada, no te sorprendas si en un tiempo engrosa la lista de especies extintas.

La desaparición del silfio se considera el primer registro de la extinción de una especie vegetal en la historia de la humanidad, pero no perdemos la esperanza de encontrar ánforas con resina en algún yacimiento de la costa mediterránea o algún resto que nos permita secuenciar su ADN y confirmar si las plantas encontradas en Turquía son los últimos silfios supervivientes. Y... ¡quién sabe!, quizá exista la posibilidad de resucitar una delicada planta de flores doradas.

Nombre común	Silfio
Nombre científico	
Usos populares	Alimentario, abortivo.
Usos confirmados por la ciencia	
Curiosidades	Al ser una planta presuntamente extinta, no podemos asignarle nombre científico ni evaluar sus propiedades. Toda la información que tenemos de ella es por referencias y por la mencionada moneda. Lo que sí sabemos es que era muy cara, y eso probablemente explique las numerosas propiedades medicinales que se le atribuían contra el dolor de garganta, tos, fiebre, irritación o verrugas. Su uso como abortivo es verosímil, porque conocemos plantas similares ricas en fitoestrógenos.

8.2

LA SOYA Y EL SISTEMA ENDOCRINO

De seguro que alguna vez te enviaron algún video por redes sociales que te advertía de los peligros de los productos químicos que se esconden en objetos de uso cotidiano. Hablan de la amenaza invisible que suponen determinadas moléculas que están en una lista cada vez más numerosa formada por compuestos industriales (bifenilos policlorinados o PCB, dioxinas), pesticidas organoclorados, fungicidas, plásticos (bisfenol A, ftalatos), metales, etc. Hasta los parabenos de los jabones o los *tickets* del súper. Estas moléculas son los disruptores endocrinos, compuestos que, por decirlo de forma simple, alteran el funcionamiento normal de tu sistema hormonal. Todas estas que te acabo de decir son artificiales, pero ¿qué pasa con los disruptores endocrinos naturales? ¿Eres de los que piensan que lo artificial es malo y lo natural es bueno? Pues déjame que te repita que no necesariamente es así. Detrás de estas sustancias que suscitan tanto temor hay una planta que seguramente has comido: la soya.

Para empezar, vamos a quitarnos el miedo de encima. Es cierto que hay una contaminación asociada a la actividad industrial y a la acción humana, pero es muy fácil caer en la generalización inadecuada de que la comida o el agua están cada vez más contaminadas. De hecho, los controles y las leyes encaminados a proteger el medioambiente y la seguridad alimentaria van en aumento. Probablemente recuerdas titulares de prensa tan llamativos como «El agua de la llave contiene cocaína» o «Encontrados restos de fármacos en tal río». Asusta, ¿no? Es comprensible. El problema es que esta información realmente no dice nada. En toxicología lo relevante no es QUÉ compuesto se encuentra, sino CUÁNTO hay, porque todo está en la dosis. Los métodos de análisis cada vez son más sensibles, y la presencia de algo en un nivel del que hace poco tiempo diríamos que no había nada, porque estaba por debajo del umbral de detección, ahora podemos localizarlo gracias a las nuevas técnicas e instrumentación. Hoy la química analítica nos permite encontrar cantidades o residuos ínfimos de casi cualquier compuesto.

Volvamos a los *disruptores endocrinos* (término un poco equívoco, ya que lo más correcto sería *interruptores endocrinos*). Esta expresión engloba moléculas artificiales que pueden interaccionar con receptores de nuestro sistema endocrino. A estas conclusiones se llega principalmente por estudios *in vitro* o en modelos animales, como peces cebra o ratones, a los que se les incluyen estos compuestos en la dieta o en el ambiente para evaluar los efectos que les causan, debido a que su estructura química se parece a la de algunas hormonas. Por lo tanto, he de decirte que es cierto, hay moléculas presentes en plásticos o en otros productos de uso habitual que pueden interactuar con nuestro sistema endocrino. Pero que no cunda el pánico. Para que te afecten, el producto tiene que estar en contacto con tus alimentos, tu bebida o tu piel, atravesar la epidermis o el estómago, llegar al torrente sanguíneo y, a partir de ahí, interactuar con tus receptores hormonales, como si vieras un control y te pusieras a encender y apagar interruptores sin cuidado. Y esto es lo que nunca sale en los artículos ni lo aclaran cuando se publica un estudio al respecto: las cantidades de estos compuestos son tan pequeñas y en muchos casos su absorción es tan baja que no tienen ningún efecto. Por poner un ejemplo, hace unos años salió un titular sobre que los *tickets* del supermercado podrían tener un compuesto que era cancerígeno. Normalmente la gente no se come o se restriega los recibos del supermercado por el brazo... Sin embargo, sí hay gente que por motivos profesionales tiene mucho contacto con ellos, como los cajeros y cajeras del supermercado o los operarios de las empresas que fabrican este papel. ¿El porcentaje de cáncer entre la gente que los manipula más es mayor? La respuesta es no. Es decir, una molécula que resulta tóxica en un tubo de ensayo no tiene por qué ser perjudicial para la salud; dependerá del nivel o de la exposición que se tenga y de la concentración a la que sea tóxica. Y eso pasa con los disruptores endocrinos: no hay ninguna prueba epidemiológica de que estén suponiendo ningún problema. Pero aquí viene la trampa. La definición de *disruptor endocrino* hace referencia a moléculas artificiales. ¿Hay moléculas de plantas que pueden tener alguna influencia en nuestro sistema de hormonas? La respuesta es que sí, pero no los llamamos disruptores endocrinos porque son naturales.

Por definición, un *disruptor endocrino* es una molécula sintética, pero existen otras naturales, como los fitoestrógenos, que pueden producir efectos similares, y sobre esto sí tenemos datos sólidos. Los fitoestrógenos son moléculas biológicamente activas que producen algunos vegetales. Los aromas naturales de lavanda que se utilizan en jabones y perfumes contienen componentes de este tipo, y algún estudio apunta a que su uso excesivo puede producir ginecomastia (desarrollo excesivo de las mamas) en varones adolescentes. Los brotes de alfalfa son capaces de favorecer el crecimiento de células de cáncer de mama de forma más eficiente que el estradiol, una hormona femenina... Y volvemos a lo que mencionaba antes, son experimentos *in vitro*. Y ¿qué ocurre con la soya? Pues que es el vegetal que más fitoestrógenos contiene. Cuando te tomas un vaso de bebida (no digo leche, porque no lo es) de soya, estás expuesto a más estrógenos que con todo el plástico, *tickets* y jabón con parabenos que hayan pasado por tus manos en toda tu vida.

Planta de soya (*Glycine max*).

La soya es rica en isoflavonas. Estas moléculas mimetizan el efecto de los estrógenos (hormonas femeninas), por lo que diferentes estudios han alertado de que podrían alterar la capacidad reproductora masculina y que su uso debería ser limitado en alimentación infantil. Si nos basamos en la evidencia científica, cuando te comes una ensalada de brotes de soya estás expuesto a compuestos que pueden alterar tu sistema endocrino. ¿Eso es peligroso?

No parece que lo sea, pero es cierto que muchas veces en salud pública se hacen cosas por si acaso. Por ejemplo, la asociación pediátrica americana hace años publicó un aviso diciendo que quizá debería limitarse el consumo de brotes de soya en adolescentes en la pubertad, por si pudiera interferir con el desarrollo sexual. Actualmente, la mayoría de los protocolos que se aplican a pacientes de cáncer de mama eliminan la soya y sus derivados por si repercuten en su tratamiento. Esto tiene una lógica. Cuando estás tratando un cáncer, lo que no quieres es que las células crezcan, ya que el cáncer se produce cuando un grupo de células escapan del programa general y se ponen a crecer indiscriminadamente. Si las isoflavonas se parecen a las hormonas femeninas, estas podrían favorecer el crecimiento y, por tanto, interferir en el tratamiento. De hecho, hoy sabemos que la obesidad es un factor de riesgo para el cáncer de mama porque en el tejido adiposo se da una reacción química, que es la aromatización de ácidos grasos, que producen otras moléculas, estas de origen endógeno, que también mimetizan hormonas sexuales. Cuanto más tejido adiposo, más probabilidad de tener hormonas falsas induciendo a que las células se reproduzcan. Y ya que hablamos de esto, conviene recordar que en los tratamientos de cáncer de mama limitan la soya, pero no las loncheras ni el jabón con parabenos. ¿Ves por qué te digo que no te preocupes?

Queda claro que hay moléculas sintéticas que pueden interactuar con tu sistema endocrino, pero están poco presentes en tu día a día o la dosis recibida es ínfima. Hay otras moléculas naturales que pueden estar presentes en concentraciones mayores, y además te las comes y las bebes, pero tampoco parece que creen problemas reseñables. Por si acaso, en algunas circunstancias te las limitarán. Ahora vamos a complicar el asunto... ¿Puede ser que haya plantas que nos interesen precisamente por los fitoestrógenos que contienen? Igual queremos utilizarlas justo por su capacidad para actuar como hormonas. La respuesta es sí, y en parte estas plantas fueron culpables de la revolución sexual y la liberación de la mujer en los años setenta.

En el siglo XIX el botánico Michael Joseph François Scheidweiler describió una planta llamada *Dioscorea mexicana*, muy curiosa porque tiene forma de un caparazón de tortuga. Estas plantas eran utilizadas por nativos mexicanos para pescar, de la misma forma que se utiliza la rotenona presente en las raíces de algunas leguminosas silvestres. Lo que hacen es un extracto de esa parte de la planta y lo arrojan al río. Esto envenena a los peces, que dejan de nadar, y entonces se recogen a mano. Después de utilizar durante mucho tiempo la rotenona, era frecuente que los propios nativos presentaran signos de toxicidad... a pesar de ser natural. Cuando los occidentales conocieron este compuesto empezaron a utilizarlo como pesticida para agricultura ecológica, dado que era natural y entonces se

Dioscorea mexicana.

podía autorizar. Y así fue hasta el año 2007, cuando diferentes estudios demostraron que su toxicidad no compensaba el beneficio agronómico, al margen de otros estudios que señalaron una relación con el párkinson, así que finalmente se prohibió.

Las hormonas sexuales, entre ellas la progesterona, fueron descubiertas en los años treinta y empezaron a aplicarse para tratar problemas relacionados con la regulación del ciclo menstrual. El problema es que, al igual que pasaba con la insulina o la hormona del crecimiento, el tratamiento era muy caro y el producto entrañaba un riesgo, dado que solo podía obtenerse a partir de glándulas de animales, con el consiguiente peligro de contaminación. Cuando se resolvió la estructura química de la progesterona, se vio que era muy parecida a la de un compuesto químico presente en los rizomas de la dioscorea, la diosgenina, abundante en esta planta y en algunas otras especies. Un rizoma es un tallo subterráneo horizontal del que salen brotes y raíces (como el jengibre) cuya función es almacenar nutrientes. En 1944, el químico estadounidense Russell Marker, que estudiaba los esteroides, voló a México, en concreto a Veracruz, donde ayudado por un nativo de la zona localizó una población silvestre de dioscorea. Recolectó diez toneladas de rizomas de estas plantas, de las que aisló diosgenina y que, una vez procesadas, se convirtieron en 3 kilos de progesterona, gracias a un proceso químico conocido como *degradación de Marker*. Posteriores desarrollos de este proceso permitieron la síntesis de otras hormonas sexuales, como estrona y testosterona. Durante varios años, Marker estuvo investigando las plantas del género *Dioscorea* para evaluar la capacidad de acumular diosgenina y descubrió que la especie *Dioscorea composita* contiene este esteroide cinco veces más que la *D. mexicana*. A la *D. composita* en México también se le conoce como *barbasco*, pero este nombre se presta a confusión, ya que en diferentes países de Iberoamérica este término define a varias plantas que no tienen relación entre sí. En los años cuarenta el desarrollo de derivados químicos de la diosgenina fue un campo de investigación muy activo. En 1949, médicos de la Clínica Mayo descubrieron que el tratamiento con cortisona actuaba como antiinflamatorio y, quién lo diría, la cortisona también puede producirse a partir de la diosgenina, lo que aumentó su demanda.

La investigación de los derivados de este compuesto con actividad hormonal continuó en los siguientes años. La progesterona era capaz de prevenir los abortos espontáneos, pero las primeras síntesis tuvieron poco éxito debido a su escasa solubilidad. El 15 de octubre de 1951, los mexicanos Luis Miramontes y Carl Djerassi lograron sintetizar noretindrona, una molécula soluble derivada de la diosgenina que mimetizaba la acción de la progesterona, por lo que era útil para prevenir los abortos espontáneos. Pero tenía una propiedad que a la larga resultó muy interesante: era capaz de detener la ovulación y el embarazo si se habían mantenido relaciones sexuales, siempre que se administrara de manera regular. Acababa de nacer la píldora anticonceptiva, y se había conseguido gracias a una molécula derivada de la dioscorea y a una reacción química, la degradación de Marker. A principios de los sesenta la píldora anticonceptiva se aprobó por la FDA en Estados Unidos, lo que hizo que la planta de la que se extraía la materia prima, popularmente conocida como *barbasco* (insisto, solo en México), tuviera una gran demanda... y que las mujeres comenzaran a ganar mayor control sobre sus vidas.

Cuando se legalizó la píldora anticonceptiva, se recolectaban unos 30 millones de plantas de barbasco al año en México, y apareció una nueva profesión, la de barbasquero, que era el campesino normalmente muy pobre que cosechaba la planta para vendérsela a un laboratorio estadounidense. El conocimiento tradicional de estos campesinos fue fundamental, porque eran capaces no solo de identificar la especie correcta, sino las plantas con mayor contenido en diosgenina. Pero como te podrás imaginar, la fuente no era inagotable, ¡es una planta! Así que por miedo a que se extinguiera por sobreexplotación empezó a cultivarse y el gobierno mexicano, ávido de los ingresos que podía suponer, puso una carga fiscal muy fuerte a las exportaciones de dioscorea.

En aquel entonces no se sabía prácticamente nada de la agronomía, de la fisiología ni de la bioquímica de la planta y eso supuso un fracaso para su cultivo. Si tienes plantas en casa o un terreno con varios sembrados, sabrás perfectamente que cada una tiene necesidades que pueden ser diferentes. Todas las especies comen, beben y necesitan luz, pero todo ello en diferente medida unas de otras. Ante el aumento de precio de la materia prima, motivado por la presión fiscal y por la inminente escasez, la investigación en Estados Unidos se dirigió hacia alternativas para la síntesis de noretindrona que no dependieran de dioscorea..., y la consiguió a partir... de soya.

La fiebre de oro de la dioscorea duró aproximadamente una década y tal como vino se fue. Al menos eso permitió que la planta no se extinguiera (al contrario de lo que ocurrió con el silfio), aunque muchas poblaciones silvestres desaparecieron. Hoy la píldora anticonceptiva, ampliamente utilizada, se sintetiza de fuentes muy baratas, pero en origen la mujer tuvo libertad de decidir si quería quedar embarazada o no gracias a una planta mexicana.

Nombre común	Soya
Nombre científico	*Glycine max*
Usos populares	Alimentario.
Usos confirmados por la ciencia	Fuente de fitoestrógenos.
Curiosidades	La soya ha pasado de ser una planta exótica procedente de China a uno de los principales cultivos mundiales, teniendo el epicentro de su producción en Sudamérica. Este éxito se debe a su rapidez de crecimiento, facilidad para mecanizar su cultivo y capacidad para fijar el nitrógeno en el suelo gracias a las bacterias simbióticas que aloja en la raíz. Además de esto, es rica en proteínas y estas tienen una composición muy similar en aminoácidos a las de origen animal, lo que les confiere gran valor biológico. Esto explica que la soya sea el principal componente de los alimentos para animales.

Nombre común	Dioscorea
Nombre científico	*Dioscorea mexicana*
Usos populares	Alimentario.
Usos confirmados por la ciencia	Fuente de fitoestrógenos.
Curiosidades	Antes de tener un éxito efímero como fuente de materias primas para la elaboración de píldoras anticonceptivas, la dioscorea se recolectaba por su rizoma, que formaba parte de la dieta popular de la zona de Oaxaca y de Veracruz, donde se le conoce popularmente como *caparazón de tortuga* por su forma.

9

MÚSCULOS. PLANTAS PARA (NO) MOVERTE

9.1

PLANTAS CAZADORAS

Desde los inicios de la humanidad, cuando el hombre aprendió el peligro de determinadas plantas y animales de su entorno, aplicó aquello de que no hay mal que por bien no venga y supo sacar provecho. Si algo te mataba cuando lo comías, también podía matar a tu presa, y así fue como empezó la guerra química, o la caza con venenos. De hecho, fíjate en el origen del término *toxicología*. Etimológicamente la palabra deriva del latín *toxicum* ('veneno'), y esta del griego *toxik(o)-*, τοξικόν, 'veneno de flechas' o 'veneno', y *-logí(ā)* -λογία, 'estudio'. Se han encontrado puntas de lanzas y flechas del Paleolítico empleadas para la caza impregnadas en sustancias tóxicas de origen animal y vegetal.

Y aquí es donde te quiero llevar. No al Paleolítico, sino a América del Sur. En esta ocasión, no vamos a ver una planta en concreto, ni siquiera una molécula específica. Sin embargo, su trascendencia a lo largo de la historia de la humanidad ha permitido el desarrollo de esta y posiblemente, su evolución.

Piensa en un nativo de la cuenca del Amazonas agazapado a punto de cazar. Igual tienes en mente a un hombrecito pequeño, delgadito y fibroso, de piel y pelo oscuros, con corte de hongo, soplando por un largo canuto. Eso es una cerbatana que contiene en su interior una lanza, un dardo o una flecha que va impregnada de un veneno que, al herir al objetivo y pasar a su torrente sanguíneo, va a provocarle la muerte.

Realmente el curare, que es de lo que te voy a hablar, no es un veneno concreto, no es una planta. Es la forma en la que se ha denominado a un conjunto de venenos de origen vegetal que los pueblos indígenas han utilizado, inicialmente para la caza, desde hace siglos, pero que, como veremos más adelante, han tenido una aplicación médica. El curare fue utilizado por los kalinagos de las Antillas Menores del Caribe, el pueblo yagua de Colombia y Perú, los ticunas, los macuchíes, etc., pero tenemos evidencias de que también se empleó en África, Asia y Oceanía. Era tan eficaz para inmovilizar a las presas que se crearon monopolios en ciertas tribus y llegó a constituir un símbolo de riqueza entre las poblaciones aborígenes.

Una de las primeras referencias que tenemos de este

Caza con cerbatana. De *Los Andes y el Amazonas* de James Orton (1876).

veneno es que fue la causa de la muerte del explorador español Juan de la Cosa, conocido por haber participado en siete de los primeros viajes a América y por haber dibujado el mapa más antiguo conservado en el que aparece el continente americano. De la Cosa murió en la bahía de Calamar (luego conocida como bahía de Cartagena de Indias) en un enfrentamiento armado con indígenas. Enfrentamiento armado... con flechas. De la Cosa fue alcanzado por una untada con pasta de curare. Algunas crónicas afirman que cuando hallaron su cadáver parecía un erizo, lleno de flechas.

Y aquí entra la contribución de otro de los científicos más fundamentales de la historia, Alexander von Humboldt. Por cierto, ¿sabías que *Jurásico* debe su nombre a la cadena montañosa del Jura, en los Alpes, que fue el lugar donde Von Humboldt identificó este sistema geológico en 1795? En el ámbito de sus viajes de investigación, una de las etapas más fructíferas de Alexander von Humboldt, considerado el padre de la geografía moderna universal, fue su trayectoria por Nueva Granada, la actual Colombia. Su inicio fue accidentado y no se hallaba dentro de la ruta prevista. Su embarcación llegó, forzada por las condiciones del mar, a Cartagena de Indias. Una vez allí conocieron a José Ignacio de Pombo, que les refirió los trabajos de catalogación de la flora nativa que estaba realizando José Celestino Mutis en Santa Fe de Bogotá. Esto le hizo cambiar los planes y dirigirse hacia el interior del país.

El encuentro con el botánico fue muy provechoso, ya que pudieron comparar las colecciones de plantas y los herbarios que habían elaborado cada uno por su parte. De hecho, mantuvieron correspondencia hasta la muerte de Mutis en 1808. Desde Bogotá, Humboldt cruzó toda la meseta hasta Quito. Uno de los intereses del prusiano era la climatología. Determinó, acertadamente, que en los países tropicales las diferentes zonas climáticas las determina la altura sobre el nivel del mar, y no la estación del año. No en vano Humboldt fue el inventor de términos que ahora nos suenan a todos, como *isotermas*, *isoclinas* e *isodinámica*. El científico actualmente es una figura respetadísima en Colombia. En 1993 se creó el instituto nacional para la investigación en recursos biológicos y se bautizó como Instituto Humboldt. Su influencia trascendió a su persona, y las ideas reformadoras del hermano mayor del naturalista, Wilhelm Humboldt, se tuvieron en cuenta en la creación de las instituciones educativas en Colombia, aunque él nunca estuvo en Sudamérica.

Un año antes de la muerte de Mutis en 1807, Alexander von Humboldt hizo otra aportación, pero no solo a la botánica sino a la medicina. Le debemos a él el primer relato occidental de cómo los nativos del río Orinoco preparaban la toxina a partir de plantas.

La receta de preparación del curare venía a ser como una pócima de chamanes. Los nativos hervían distintas proporciones de corteza de varias plantas, raíces y tallos. Este líquido se calentaba lentamente hasta que se evaporaba y quedaba una pasta que definían como *brea* de sabor amargo. Como si estuviéramos hablando de una vacuna, en la que el adyuvante modula o incrementa la respuesta inmunitaria, los nativos utilizaban como potenciadores otras hierbas tóxicas, insectos cuya picadura era peligrosa, gusanos venenosos y diversas partes de anfibios o reptiles. Con esto lo que se perseguía era aumentar la toxicidad, o bien que la herida producida no cicatrizara y se coagulara la sangre. Por lo tanto, el curare era un coctel... mortal.

Hablamos de una neurotoxina muy potente que mata por asfixia. Como se trata de un relajante muscular, provoca la parálisis temporal de los músculos intercostales y el diafragma, así que lo que conseguían disparando una flecha untada de curare era inmovilizar a la presa. Dicho de otro modo, dejabas de respirar. Puedes estar pensando: «Pues si se envenena la presa y tiene ese efecto, al comer la carne envenenada les ocurriría lo mismo». ¡Pues no! Estas son las cosas que me sorprenden del aprendizaje por prueba y error o, dicho de una forma más bonita, «experimentación y observación». El curare no es activo cuando se ingiere, sino que únicamente se activa cuando contamina una herida o entra en contacto con el torrente sanguíneo. Esto es debido a que en su composición hay péptidos y proteínas, como pasa en el veneno de abeja o de serpiente, que en el baño ácido del estómago se desnaturalizan y dejan de ser peligrosos. Aun así, estoy casi segura de que estos nativos deben haber desarrollado algún tipo de inmunidad a este veneno.

El nombre de *curare* tiene su origen en la expresión caribeña *mawa cura*, que significa 'vid mawa', es decir, la especie *Strychnos toxifera* (¿eso de *Strychnos* no te recuerda a algo?). Esta es la especie vegetal más importante de la que se obtiene el veneno, aunque hoy en día, gracias a Richard Gill, sabemos que hay otras plantas que lo producen y que pertenecen principalmente a dos familias: menispermáceas y loganiáceas (aquí se encuentra *Strychnos toxifera*). Richard Gill era un norteamericano propietario de plantaciones de café y cacao en Ecuador. Mientras estaba en ese país desarrolló esclerosis múltiple, para la cual el neurólogo Walter Freeman, de regreso en Estados Unidos, le recomendó el uso de curare por su acción relajante muscular. Gill viajó a Ecuador y al volver trajo consigo plantas como para preparar 50 kilos de curare. Así fue como se identificó en 1939 que las plantas productoras de curare pertenecían sobre todo a estas dos familias. En esa búsqueda de plantas, Gill clasificó varios tipos de curare en función del recipiente que los indígenas utilizaban para su almacenamiento. El curare de tubo o bambú, cuyo veneno se almacenaba en cilindros huecos de esta caña, provenía de *Chondrodendron* y otros géneros de la familia de las menispermáceas. Además, la toxina predominante era la D-tubocurarina. El *pot curare* contenía la pasta letal en macetas de terracota y se basaba en protocurarina, protocurina y protocuridina provenientes de plantas de ambas familias botánicas. Y, por último, el curare de calabaza, almacenado en calabazas huecas, contenía veneno cuyo principio activo predominante era la toxiferina, procedente de *Strychnos toxifera*, de la familia de las loganiáceas.

Dardos con curare y el carcaj.

El laboratorio E. R. Squibb & Sons compró a Richard Gill el remanente de los 50 kilos de curare y comercializó un extracto de este, conocido con el nombre de Intocostrin, que entregaba gratuitamente a los investigadores. En el Hospital Homeopático de Montreal, en Canadá, el doctor Harold Randall Griffith, anestesista, venía usando ciclopropano como gas anestésico en las intervenciones, pero observaba frecuentes casos de apnea durante las cirugías que obligaban a la intubación endotraqueal. Decidió utilizar Intocostrin como relajante muscular. El 23 de enero de 1942 llevó a cabo una apendicectomía usando esa preparación durante la intervención quirúrgica y fue un éxito. Pero no fue el primero. Los intentos iniciales de su uso como anestesia se remontan a 1912, en Leipzig, donde el cirujano alemán Arthur Läwen ya administraba curarina obtenida a partir de curare de calabaza a pacientes sometidos a anestesia general. Läwen fue el primero en estudiar el curare en experimentación animal y pionero en emplearlo con humanos.

Los famosos 50 kilos de curare recopilados por Richard Gill dieron no solo para la producción de Intocostrin y su empleo en diversos escenarios clínicos como anestésico, sino que hicieron posible la identificación del principio activo.

En 1943, Oskar Wintersteiner y James Dutcher aislaron una sustancia cristalina (lo cual denotaba su pureza) químicamente idéntica a la que ocho años antes había aislado Harold King en el National Institute for Medical Research de Londres, partiendo de una muestra de curare que le había cedido el Museo Británico. Su origen no se conocía, pero dado que el material se hallaba empaquetado en tubos de bambú, King decidió denominarlo *tubocurarina*. Prácticamente el aislamiento de tubocurarina de la planta *Chondrodendron tomentosum* fue simultáneo a la identificación de tubocurarina como principio activo de Intocostrin.

Como ya expliqué al principio de este capítulo, el curare es una neurotoxina. Los diversos componentes que lo constituyen son alcaloides, y ya sabes lo que eso significa: tendrá un potente efecto fisiológico aun en dosis muy bajas. La acetilcolina (que acaba en *-ina* pero no es un alcaloide) es un neurotransmisor, el primero en ser identificado, por cierto. Simplificando, su función sería la de transmitir información entre las neuronas y, en concreto, mediar entre el impulso nervioso y la contracción muscular. Lo que hacen los principios activos del curare es inhibir la acción de la acetilcolina, con lo que impiden la contracción muscular (incluida la respiración), así que lo que se origina es una parálisis progresiva y finalmente la muerte por asfixia. Uno de los principales alcaloides es la tubocurarina.

La respiración espontánea se reanuda una vez que finaliza el tiempo de acción del curare, que suele oscilar entre treinta minutos y ocho horas, según la toxina y la dosis. El problema es que nos pasemos de la dosis, en cuyo caso, como hayan pasado de cuatro a seis minutos sin respiración, el músculo cardiaco puede tener problemas para volver a latir por falta de oxígeno.

La tubocurarina salió del Amazonas para revolucionar los quirófanos en los años cuarenta y cincuenta del siglo xx, pero no duraría demasiado. Llegaron otros fármacos efectivos y con menores efectos secundarios que remplazaron su uso progresivamente. La toxiferina nunca llegó a utilizarse farmacológicamente por su excesiva potencia. Pero cuentan que, en las selvas profundas de América del Sur, aún puede escaparse una flecha soplada de una cerbatana untada con una sustancia pastosa.

Nombre común	Curare de la Guayana
Nombre científico	*Strychnos toxifera*
Usos populares	Veneno.
Usos confirmados por la ciencia	Fármacos anestésicos. Actualmente se está estudiando la capacidad anticancerígena de algunos de sus principios activos.

Curiosidades	Es de la misma especie que la *Nux vómica* que tratamos en capítulos anteriores, aunque esta es nativa de Sudamérica. A veces las plantas tienen fármacos por méritos ajenos. En una cepa de una bacteria endosimbionte de *S. toxifera* se ha encontrado un alcaloide con una potente actividad antimicrobiana que, además, es efectivo para frenar el crecimiento de células tumorales *in vitro*. Si es capaz de vivir dentro de una planta como *Strychnos*, podría sobrevivir a cualquier cosa.

9.2

PLANTAS DOPANTES

Todos los años cuando llegan las grandes citas ciclistas, o cada cuatro años, con las Olimpiadas, las noticias de deportistas que han hecho trampas consumiendo productos químicos no autorizados para aumentar su rendimiento deportivo ocupan titulares y tertulias. Normalmente las sustancias dopantes son productos farmacológicos que se desarrollaron con una finalidad, pero que han acabado utilizándose con otra. Es el caso de las anfetaminas, que se tomaban para no sentir el cansancio, o los betabloqueantes, que usan los deportistas de tiro para que no les tiemble el pulso. Relacionado con el transporte de oxígeno, y por tanto con el rendimiento deportivo, tenemos el sildenafilo, principio activo del Viagra, que se administraba para la adaptación de los deportistas que tienen que hacer pruebas en condiciones de poco oxígeno, normalmente debido a la altura sobre el nivel del mar. La base es que esta molécula produce óxido nítrico (NO), un potente vasodilatador, por lo que mejora el flujo sanguíneo y con él el transporte de oxígeno, igual que ocurre con la EPO (eritropoyetina), que aumenta la producción de glóbulos rojos y, claro, a más glóbulos rojos, más transporte de oxígeno y, por tanto, mejor trabajan los músculos.

Prueba de atletismo.

Algunas de esas sustancias derivadas de plantas tienen otro efecto, además de su uso como dopantes deportivos. Es el caso de la efedrina, norefedrina, pseudoefedrina, norpseudoefedrina y metaefedrina, coctel que consumió Maradona en el mundial de Estados Unidos en el año 1994 y motivo por el que fue expulsado. Estos principios se utilizan como tratamiento contra el asma o afecciones respiratorias.

En cambio, hay otros componentes también de origen vegetal que pueden servir para aumentar el rendimiento deportivo y (por suerte) no se consideran dopantes... de momento. Puedes ir a un supermercado y comprar espinacas, betabeles o acelgas. Las espinacas (*Spinacea oleracea*) y el betabel (*Beta vulgaris*) son dos especies que desde el punto de vista evolutivo están muy cerca. No podemos hablar de plantas domesticadas, a pesar de que su cultivo se remonta a la Edad Media, puesto que todavía siguen siendo muy similares a las especies silvestres, cosa que no ocurre con especies domesticadas como los cereales. Las llamamos entonces *semidomesticadas*. Prueba de que todavía están bastante asalvajadas es que de forma natural son capaces de tolerar condiciones ambientales adversas mucho mejor que otras especies domesticadas, por eso son cultivos que suelen necesitar pocos cuidados.

Con respecto al betabel y la acelga, no es que sean cercanas, es que son la misma especie, *Beta vulgaris.* Esto de la taxonomía puede ser complejo para los que no nos dedicamos a ella, pero especialmente la de *Beta vulgaris* es un poco loca. Su rango taxonómico ha cambiado numerosas veces entre subespecie, convariedad y variedad. No te voy a complicar ahora con esta nomenclatura. Básicamente podríamos decir que todos los cultivos pertenecen a *Beta vulgaris* subsp. *vulgaris*. El que se trate de acelga o de betabel (de las que también hay azucarero, forrajero, de huerto...) depende de la variedad. Una variedad (var.) es un grupo de plantas seleccionado dentro de una especie que presentan una serie de características morfológicas comunes. Pues bien, la variedad *cicla* es la que se cultiva por sus hojas y conocemos como *acelga*, mientras que el resto de las variedades de *Beta vulgaris*, cada una con un nombre diferente, se cultivan por su raíz, en algunos casos para obtener azúcar (betabel azucarero) y en otros para obtener alimento para el ganado (betabel forrajero) o para nosotros (betabel de huerto).

Habría que añadir una tercera planta a este grupo de vegetales dopantes que te puedes encontrar en el supermercado, el apio (*Apium graveolens*). No pertenece a la misma familia que la espinaca o el betabel, pero todas tienen algo en común: acumular nitrato. Hablando del apio, aquí solo tenemos costumbre de consumir las hojas. En el norte de Europa la parte más apreciada del apio es la raíz. Si la pones en un caldo, solo sabrá a apio, pero con un sabor muy intenso y contundente.

Estos vegetales se caracterizan porque en sus hojas acumulan gran cantidad de nitritos y nitratos, que son sales de los óxidos de nitrógeno. Al metabolizarse dentro de nuestro organismo, el nitrato se reduce a nitrito y a óxido nítrico (NO), y con ellos ya tenemos la misma molécula en el cuerpo que cuando tomamos sildenafilo... o Viagra. Se ha propuesto que el conocido efecto vasodilatador del óxido nítrico inhalado (NOi), además de ayudar en el deporte, podría tener diferentes efectos beneficiosos, como mejorar la utilización del oxígeno molecular, aumentar la eficiencia metabólica y producir más fuerza muscular, pero si te fijas, todo eso es lo que hace que se incremente la capacidad deportiva. Si te metes en portales y foros de deportistas encontrarás muchas propiedades asociadas al consumo de jugos de betabel o de espinacas y en ningún caso puede considerarse dopaje, porque, a fin de cuentas, solo has consumido una verdura que se encuentra en cualquier supermercado. Y encima están de moda ¡aunque no seas deportista! Porque habrás oído hablar de un jugo *detox* o incluso lo habrás probado. ¿De qué color suele ser? Piensa en verde...

Ahora es cuando me pongo la bata de científica para ver si hay algo de cierto en todo esto o es más mito que otra cosa. En un estudio de hace unos años, observaron que su consumo tenía cierto efecto en atletas en la distancia de 1 500 metros, pero no observaban ningún efecto en la prueba de 10 000 metros. También es verdad que el estudio era muy limitado, dado que se basaba en solo ocho atletas y todos hombres. Otro estudio con doce ciclistas determinó que el jugo de betabel no tuvo ningún efecto sobre el rendimiento deportivo en condiciones de calor. Una investigación más reciente muestra que los indicadores de fatiga muscular disminuyen si se ha consumido este jugo después de hacer ejercicio HIIT, ese de alta intensidad a intervalos cortos que está ahora tan de moda. No obstante, todos los estudios insisten en que la evidencia es escasa y en muchos casos contradictoria, por la complicación de comparar los diferentes tipos de ejercicio y las diferentes composiciones de los jugos que consumen los atletas.

Entonces qué pasa, ¿Popeye nos mintió? Porque él rompía camisetas cuando comía espinacas y entonces no se sabía lo de los nitritos y el óxido nítrico. Popeye en origen es un personaje publicitario nacido de la Gran Depresión, en una época en que la malnutrición infantil era un problema serio que causaba muchas muertes al año. La espinaca se consideraba una fuente barata de hierro que ayudaba a prevenir la anemia. Lo que no se sabía entonces es que en 1870 el químico alemán Erich von Wolff, tras analizar el contenido de hierro de las espinacas, cometió un error al transcribir los valores. Von Wolff anotó que 100 gramos de espinacas contenían 40 miligramos de hierro, cuando en realidad son tan solo 4 miligramos. Hoy sabemos que ni

Escultura de homenaje a Popeye en Crystal City, capital mundial de la espinaca.

tenía tanto hierro como se pensaba ni la espinaca es una buena fuente, ya que los oxalatos, moléculas presentes en algunos alimentos, actúan de antinutrientes al secuestrar el hierro e impedir su absorción. Por lo tanto, los botes de espinacas de Popeye deberían haber contenido algo más, que no estaba en la espinaca, para tener ese efecto.

Si eres de los que tienen problemas con el hierro, como ya te comenté antes, hay que espaciar los alimentos que lo contengan del café, y también del chocolate y el té. Por el contrario, si quieres facilitar su absorción, tómalo junto con productos ricos en vitamina C.

Pero, ojo, esto no quiere decir que los nitritos y nitratos del betabel, el apio o las espinacas no tengan ninguna utilidad. Se usan desde hace mucho tiempo en la industria alimentaria. Los nitritos y los nitratos son muy tóxicos para los hongos y las bacterias, por lo que sirven como conservantes (afortunadamente nos mantienen lejos de la temida toxina botulínica). La salazón que utilizaban los egipcios estaba contaminada de nitratos, que por acción bacteriana se convertían en nitritos y esto hacía que sus conservas fueran más seguras que las de los romanos. De hecho, no es casualidad que las sales de nitrógeno en la actualidad se sigan llamando sales de *amonio*, nombre derivado de un Dios egipcio, Amón, probablemente porque también se utilizaban en los procesos de embalsamamiento. Pero el nitrito tiene otra ventaja cuando se utiliza para conservar la carne, y es que es capaz de reaccionar con la mioglobina, una proteína presente sobre todo en la carne roja. La mioglobina, al igual que la hemoglobina, es una molécula que une oxígeno y lo transporta. Para hacer esto contiene un grupo hemo en su centro que tiene un átomo de hierro. Al contacto con el aire, este hierro se oxida y el color rojo pasa a ser de un verde poco apetecible, típico de la carne pasadita y muy poco atractiva al paladar. El nitrito reacciona con el átomo de hierro de la mioglobina formando nitrosomioglobina, que tiene el típico color rojo vivo que asociamos con la carne. El nitrito es muy apreciado en la industria cárnica porque, además de proteger frente a hongos y bacterias, previene la oxidación del hierro y hace que esta mantenga un tono carmesí. Hay otro truco para hacer que una carne oscura o verde vuelva a tener color rojo vivo... Un tratamiento con monóxido de carbono, que tiene el mismo principio: reacciona con el hierro e impide que se oxide.

Y ahora vienen los inconvenientes. Los nitritos también son conocidos como E-249 y E-250, y en cualquier supermercado hay muchos productos que llevan un letrero en grande que pone «Sin nitritos». ¿Son tan temibles como su nombre indica? Bueno, veamos. El nitrito es tóxico, ya que igual que reacciona con la mioglobina de la carne, si es ingerido, puede interactuar con la hemoglobina de nuestro cuerpo e inutilizarla, y por otra parte cuando nuestro organismo lo metaboliza produce nitrosaminas, que son muy cancerígenas. Acabo de decir dos palabras muy feas, *tóxico* y *cancerígeno*. ¿Esto quiere decir que tendríamos que prohibir los nitritos? A ver, hagamos un análisis costo-beneficio. La dosis que se puede utilizar está muy regulada y es cien veces menor a la cantidad que puede producir algún problema. ¿Y cuál es el beneficio? Gracias al uso de nitritos, desde hace cinco milenios hemos evitado millones de muertes causadas, por ejemplo, por botulismo, una de las peores enfermedades transmitidas por contaminantes alimentarios. Sí, la toxina botulínica que te dije antes y que te puede matar es producida por la bacteria *Clostridium botulinum* y es la misma que te inyectas cuando te pones bótox. ¿Por qué se usa para «quitar arrugas»? Porque es paralizante muscular. Además, ten en cuenta..., si consumir carne conservada con nitritos fuera peligroso, comer espinacas sería mucho más peligroso, ya que acumulan muchos más nitritos que la cantidad que se utiliza como aditivo en la carne. No. Comer espinacas o betabel o apio no es cancerígeno, al revés, aportan nutrientes y pueden formar parte de una dieta equilibrada.

Y aquí es cuando se produce un giro de guion. ¿Cómo consiguen las empresas que anuncian sus productos «sin nitritos» que no se echen a perder? La próxima vez que veas un producto cárnico etiquetado así, lee bien su etiqueta. Lo más probable es que ponga «SIN NITRITOS» bien grande y luego en pequeño «añadidos». Ahora dale la vuelta al paquete y lee la composición. Vas a encontrar que le ponen extracto vegetal, pero no de un vegetal cualquiera. Suele ser extracto de..., a ver si lo adivinas..., ¡efectivamente!, betabel, espinaca o apio. No le añaden nitritos, pero le ponen un extracto vegetal que va atascado de nitritos para que haga exactamente el mismo efecto que cuando pones nitritos.

Y respecto del beneficio *detox* de estos jugos «verdes» seré breve: no hay ninguna evidencia científica que demuestre su utilidad para «limpiar el cuerpo de tóxicos». Qué manía con limpiar el cuerpo y depurar el sistema. Nuestro organismo ya tiene sus propios mecanismos y órganos como el hígado, los riñones o la piel para purgar sustancias que puedan resultar tóxicas. En todo caso, esas bebidas son ricas en vitaminas y minerales, saciantes y bajas en calorías, lo cual no es baladí y es motivo suficiente para consumirlas, sin más tontería.

Así que, ya sabes, un jugo de espinacas no te hará ganar el Tour, pero puede evitar que te mueras de botulismo y queda muy *cool*.

Nombre común	Betabel
Nombre científico	*Beta vulgaris* subsp. *vulgaris*
Usos populares	Alimentarios.
Usos confirmados por la ciencia	Fuente de nitritos y colorantes.
Curiosidades	En Europa, desde el siglo XIX el betabel es la principal forma de obtener azúcar, debido al bloqueo inglés del comercio con el Caribe en las guerras napoleónicas. La azúcar morena de caña es azúcar menos purificada, pero en el caso del betabel, si se refina menos, arrastra un sabor desagradable y por eso el azúcar morena de betabel es en realidad azúcar blanco tostado. Otros de los compuestos que obtenemos del betabel es el colorante betalaína, que se utiliza, entre otros, para que el atún rojo tenga un color más intenso.

10

PIEL.
PLANTAS QUE NO DEJAN HUELLA

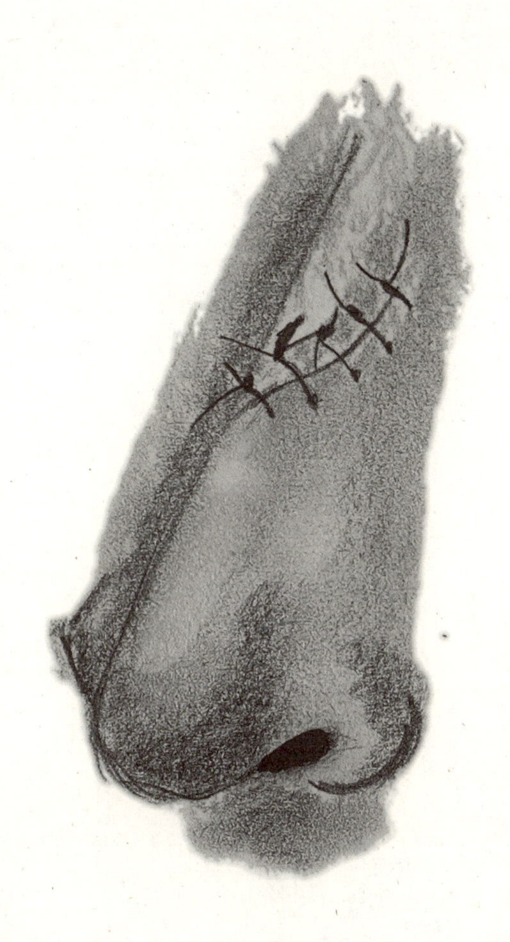

10.1

ALOE VERA Y PLANTAS PARA LA PIEL

En el tema de las plantas y sus propiedades curativas también hay modas. Hace unos años no había perfumería, tienda de cosméticos o línea de supermercados que no estuvieran llenos de cremas, suplementos o productos que lucieran orgullosos el nombre de *aloe vera*. Y era de esas plantas que podían servir casi para cualquier cosa porque la encontrábamos en pastillas para el estreñimiento, saciantes, cremas, toallitas para bebés, colchones, almohadas y hasta suavizantes y limpiador de pisos. Esto, como dice

Aloe (*Aloe vera*).

ahora la gente joven, se podría considerar una *red flag*, porque, como ya sabes, una planta que aparentemente sirve para todo normalmente no sirve para nada.

Detrás de las supuestas propiedades medicinales del aloe hay una larga historia. Aunque el nombre científico de una de las especies más conocidas, *Aloe barbadensis* (más conocida como *aloe vera*) sugiere un origen americano, parece que se originó a partir del *Aloe perryi*, una especie endémica de Yemen. Curiosamente el nombre del género viene del griego *alos*, que significa 'sal', probablemente debido a que su jugo tiene un sabor que recuerda al agua de mar. No te puedo decir si es cierto porque, más allá de haber probado un yogur que se puso de moda que llevaba aloe, tampoco me ha dado por probar el gel que almacenan las hojas. En la actualidad está extendida por casi todo el mundo y se adapta muy bien a climas áridos y secos, por lo que con el cambio climático no nos extrañaría que se incrementara su cultivo cuando otras tierras queden impracticables para cultivos tradicionales. Su aspecto puede recordarnos a un cactus por sus hojas carnosas, pero no tiene nada que ver. Estas hojas engrosadas sí tienen el mismo fin evolutivo y es el almacenamiento de agua, lo cual es fácil deducir si vemos que el hábitat que comparten los cactus y el aloe es bastante parecido: muy árido. Pues a pesar de esto, evolutivamente el aloe está más cerca de los espárragos.

¿Por qué le tenemos tanto amor a esta planta? Los tratamientos tradicionales para heridas, principalmente para las de guerra, eran muy agresivos. Entre otros, consistían en ponerles sal o vinagre o cauterizarlas con aceite hirviendo. Los extractos de esta planta probablemente se utilizaran desde tiempos antiguos como tratamiento para las heridas. Su frescor sería más agradable que las alternativas, y alguno de sus muchos compuestos tiene un ligero efecto bactericida, lo que sería el origen de las numerosas propiedades que se le atribuyen. Pero la ciencia no está muy de acuerdo con todas ellas.

Con respecto al consumo de aloe vera podemos decir que hay poca evidencia que apoye su uso. No sirve como depurativo, limpiador o purificante, puesto que como te acabo de contar el propio concepto es muy cuestionable, no hay que purificar nada. Hace unos años estuvo de moda utilizarla como saciante en las dietas de adelgazamiento. La verdad es que no se ha constatado que tenga ningún efecto de este tipo ni que sea capaz de interaccionar con las hormonas que determinan el apetito o la sensación de saciedad (leptinas y grelinas), por lo que las pastillas de aloe no hacen que te sientas lleno. Algún estudio ha visto que el consumo de aloe vera podría disminuir los niveles de azúcar y los de colesterol malo (las lipoproteínas de baja y muy baja densidad, también llamadas *LDL* y *VLDL*) en la sangre, pero son investigaciones muy limitadas. En ningún caso su consumo puede sustituir a un tratamiento de diabetes o de hipercolesterolemia. También se intentó aprobar una *health claim* (propiedad sobre la salud) relacionada con su capacidad de activar el sistema inmunitario, pero fue denegada.

¡Pero tiene más usos populares!, como remedio para el estreñimiento. En una revisión de hace unos años sobre el empleo de plantas medicinales para tratar esta afección, *Constipation and Botanical Medicines: An Overview*, y en otra más reciente sobre laxantes utilizados en medicina tradicional china se apuntaba a que el aloe vera es rico en antraquinonas, especialmente en dos llamadas *senósido A* y *B*. En 2023 se publicó una revisión que señalaba el potencial terapéutico de ciertos compuestos de esta clase, entre ellos uno del aloe, para el cáncer de mama, aunque este tipo de investigación está en sus inicios. Las antraquinonas son unas moléculas formadas por un esqueleto de tres anillos de benceno (una molécula de seis átomos de carbono, exactamente la misma que encontramos en los aminoácidos aromáticos) que pueden activar el movimiento del intestino, por lo que pueden ser laxantes. Además, estas mismas moléculas tienen una actividad bactericida, lo que explicaría que se utilizaran para el tratamiento de heridas. El problema es que no está demasiado claro que los beneficios compensen la toxicidad y las dos revisiones alertan de posibles efectos secundarios al consumir estos suplementos, ya que el aloe vera contiene más de doscientos compuestos con actividad farmacológica... lo cual no deja de ser un riesgo. De hecho, esta planta contiene unas sustancias explícitamente prohibidas por la Comisión Europea, por el problema potencial que suponen para nuestra salud: los derivados hidroxiantracénicos. El consumo de la planta de aloe vera puro tiene una bien conocida toxicidad hepática y además contiene sustancias cancerígenas, así que la conclusión hasta aquí sería que el aloe vera no es una planta comestible y tiene numerosos efectos adversos. Creo que he sido suficientemente clara.

Podríamos hilar un poco más fino en este aspecto. Si cortamos la hoja de una planta de aloe, encontraremos la hoja exterior o corteza, una zona intermedia y fina a continuación, de látex, y un gel en la parte más interna que ocupa prácticamente la totalidad de esta. La mayoría de las sustancias tóxicas se acumulan en esa capa intermedia. Si se eliminan esa parte y la piel, nos quedamos solamente con el gel de aloe. En este caso hemos perdido las antraquinonas, que tienen el efecto laxante potente y que se localizaban en la zona intermedia. Sin embargo, el gel de aloe, que tiene muy pocas moléculas activas (es 99% agua), puede funcionar como un laxante suave, ya que es una sustancia muy rica en polisacáridos que forman una estructura mucilaginosa capaz de acumular agua y que se desplaza por el tracto intestinal arrastrando residuos fecales. Es un efecto que puede ayudar en determinadas situaciones, pero de nuevo, el riesgo no compensa los beneficios. Para efectos laxantes mecánicos son mucho más efectivos los cereales integrales o la fibra alimentaria.

Pero si por algo se ha caracterizado el aloe toda la vida, ha sido por su uso por vía tópica. No me dirás que no te suena, incluso seguramente lo has utilizado en forma de crema o gel, como cicatrizante o para las quemaduras. Aquí la evidencia científica es un poco más benévola y a lo mejor no has ido desencaminado. Pero ¡ojo!, la primera recomendación es que esta planta, igual que no es comestible, tampoco debería aplicarse directamente sobre la piel. Yo he oído más de una vez ante una quemadura: «Tú arrancas una hoja de la maceta y te la aplicas directamente». A ver, ¡no! Sé prudente. Volvemos a tener el peligro de las antraquinonas, que son muy irritantes, y puede ser que el remedio sea peor que la enfermedad. Sin embargo, en el caso del gel

Gel de aloe extraído directamente de la planta.

puro, desprovisto de antraquinonas y rico en polisacáridos, se ha visto que tiene un efecto medible en casos de pequeñas quemaduras o heridas, psoriasis y herpes genital. También contra el acné, la dermatitis, el liquen plano o las úlceras orales. En ninguno de los casos son efectos espectaculares, pero sí se puede decir que el aloe vera, empleado de forma tópica, tiene un efecto beneficioso a nivel dermatológico. En mi experiencia te puedo asegurar que, tras la depilación con cera caliente, una aplicación fresquita y calmante de gel de aloe vera cae muy bien.

¿Sabes lo que suele ocurrir en estos casos? Que como hemos visto que es eficaz para una cosa, tendemos a pensar que lo es para muchas más, y debemos tener cuidado con eso. El aloe vera basa su principal beneficio en el mucílago que forman los polisacáridos, que tienen una gran capacidad hidratante, de ahí la sensación de frescor y de alivio. No es un cicatrizante muy efectivo, principalmente en heridas grandes..., y, aquí viene el error más común, no protege frente la radiación UV. Ni se te ocurra utilizar protectores solares con aloe vera o un gel casero de aloe vera para irte a la playa. Tendrás una sensación de falsa seguridad porque notarás la piel más fresca e hidratada, pero dado que no protege frente a la radiación UV, te vas a quemar igual.

Y ya que hablamos de quemaduras solares, hace unos años salió al mercado una nueva variedad de puerros. No era transgénica ni nada por el estilo, se obtuvo por métodos convencionales, así que no necesitó ningún proceso de autorización específica antes de comercializarse. Te cuento esto porque hay un hecho curioso detrás de esta historia. Se dieron cuenta de que el personal de la planta de envasado, al poco tiempo de manipular estos puerros, sufría quemaduras en manos y muñecas. Lo que pasaba es que los puerros, junto con otras plantas como el perejil o los higos, son muy ricos en unos compuestos llamados *furanocumarinas*, entre los que destaca el psoraleno. Estas moléculas en las plantas tienen una función protectora frente a herbívoros y hongos patógenos, pero ¿qué nos hacen a nosotros? Tienen la particularidad de ser relativamente inertes, pero si se exponen a la luz solar son fototóxicas. En este caso, los psoralenos se activan y se convierten en moléculas capaces de atravesar la piel de forma muy fácil, llegar hasta el ADN y bloquear su transcripción y reparación. Dicho de otra forma, son mutágenos y matan a las células. Nadie se había dado cuenta de que esta variedad de puerros acumulaba una cantidad de psoralenos mucho mayor que otras variedades utilizadas hasta ese momento. El resultado... quemaduras. De hecho, te acabo de decir que es un mecanismo de defensa de algunas plantas, por lo que, si la planta está estresada o tiene que poner en marcha ese mecanismo, se va a disparar el nivel de psoralenos. Eso mismo le ocurre al apio cuando está estresado o enfermo, que multiplica sus niveles de furanocumarinas por cien, y los cosechadores de apio (y a veces hasta los comerciantes) lo pasan un poco mal por el sarpullido que han de sufrir. Y aquí viene su utilidad farmacéutica. El perejil, tan usado por Karlos Arguiñano, es muy tóxico por la presencia de apiol o miristicina. Pero si podemos comer perejil es porque estas sustancias se acumulan en sus semillas, y no en sus hojas, donde la concentración es tan pequeña que su consumo es seguro. Sin embargo, las hojas tienen psoralenos, por lo que frotarse perejil en la piel podría ser peligroso, como restregarse un puerro. Sin embargo, si buscas en remedios antiguos y tradicionales, encontrarás alguna referencia a usos dermatológicos de estas dos plantas. El origen de estos mitos, que no son tales, pues tienen base real, es la gente que sufre vitíligo, las típicas manchas blancas que aparecen en la piel por la muerte de las células que producen melanina. Michael

Jackson, lejos de aclararse la piel para dejar de ser negro, como se ha dicho durante años, sufría vitíligo, por lo que su piel se fue despigmentando con el tiempo hasta parecer blanco. Estas manchas pueden ser problemáticas, principalmente desde el punto de vista estético. En cambio, frotarse con esas plantas produce microquemaduras debidas a la acción de los psoralenos, que hacen que las manchas claras se oscurezcan y queden camufladas. Es como matar mosquitos a cañonazos, pero los remedios tradicionales no siempre son suaves.

Sin embargo, esta capacidad de los psoralenos no ha pasado desapercibida. Cuando estas moléculas activadas por la luz se unen al ADN e inducen mutaciones, las células se defienden. Una de las formas de defenderse del organismo frente a agentes mutágenos es activar un proceso llamado *apoptosis* o *muerte celular programada*, por el cual, células que han sufrido mutaciones, para evitar convertirse en células cancerosas, optan por suicidarse. Se activan unas proteínas llamadas *caspasas* que van pasando la orden de unas a otras de que la célula debe morir, hasta finalmente cortar el ADN. Hay enfermedades de la piel como la psoriasis, eczemas o algunos cánceres de piel donde el problema es que algunas células proliferan más de lo que deberían. En este caso existen tratamientos aprobados que se basan en el uso de psoralenos, pero ya no es restregando la planta. El psoraleno, junto con radiación UVA, se utiliza para tratar estas patologías, pero no olvidemos que la terapia que combina psoraleno + UVA por sí misma (llamada *PUVA*) conlleva un mayor riesgo de cáncer de piel.

Ahora mismo hay un gran interés en su estudio como anticancerígeno, dado que esa propiedad de ser una molécula inocua hasta que se activa por la presencia de luz de determinada longitud de onda, junto con los avances en la nanotecnología, podría convertirla en una terapia efectiva para tratar determinados tipos de cáncer, pero la mayoría de estas aplicaciones se siguen estudiando.

Ya sabemos los riesgos que pueden entrañar estas moléculas, pero imagínate que hasta 1996 el psoraleno, te recuerdo, un mutágeno que actuaba con la luz, se usó como activador del bronceado en protectores solares. ¿Se pondrían morenos quienes los usaban? Pues no sé, pero algunos sufrieron pérdida severa de la piel tras tomar el sol.

Así que, ya sabes, puedes comerte una *vichyssoise* tranquilamente, pero no se te ocurra utilizarla como crema solar. Te broncearías antes, pero también te quemarías.

Nombre común	Aloe, sábila
Nombre científico	*Aloe vera*
Usos populares	Cosmético, cicatrizante.
Usos confirmados por la ciencia	Laxante. Alivio de los síntomas de algunas afecciones dermatológicas.
Curiosidades	Utilizar cremas de aloe en general es seguro si se siguen las indicaciones, aunque si miramos la etiqueta veremos que en muchos casos la composición de aloe es ridícula y su efecto beneficioso se debe a los otros componentes. No obstante, los médicos alertan de los peligros de utilizar el aloe a partir de la planta, entre los que se incluyen alergias, irritaciones o intoxicaciones por consumirlo.

10.2

EL ÁRBOL DE LA CONFUSIÓN, EL ÁRBOL DEL TÉ

Ciertamente los humanos somos complicados..., algunos más que otros. El caso es que, cuando se descubre una planta nueva, los botánicos que se dedican a la taxonomía (forma compleja de decir *clasificar*) le ponen un nombre con apellido, que luego escribimos en cursiva, para darle la bienvenida al mundo, cuando en realidad ese ser ya estaba antes que su descubridor oficial. Esa denominación culta o científica, comúnmente llamada *nomenclatura binomial*, convive con la vulgar o nombre común. En muchas ocasiones no hay un solo nombre común, porque al final es la gente la que se lo ha puesto y según el idioma o la ubicación las plantas suelen recibir distintos nombres, motivo por el cual el científico solo es uno y universal. Lo importante es ponerle nombre, si no, no existe.

Por eso, cuando hablamos del árbol del té, todo es confusión. ¿Es el árbol del té la fuente de la bebida ampliamente consumida en el mundo, típica de la merienda británica, de color verde, blanco, azul, negro o rojo, y con unas propiedades magníficas, llamada simplemente *té* (*Camellia sinensis*)? Pues rotundamente no.

Pero es que, además, si el nombre común es *árbol del té*, ¿cuál es el nombre científico? Pues resulta que tiene dos (¡vaya problema!), porque con el mismo nombre llamamos a dos plantas (una, un arbusto, y otra, un árbol), cada una con su taxonomía. Pero ambas pertenecen a la misma familia, *Myrtaceae*, a la que pertenece también el de sobra conocido eucalipto. Esta familia tiene unos miembros muy distintos unos de otros, pero tienen en común la presencia de aceites esenciales con compuestos terpénicos, que son moléculas ramificadas de cinco átomos de carbono, con enlaces dobles, lo que, como ya sabes a estas alturas del libro, los convierte en potentes antioxidantes.

El árbol del té se parece al dicho que alude a la preciosa población cántabra de Santillana del Mar: «La villa de las tres mentiras: ni es santa, ni llana ni tiene mar». Vaya, parece que su nombre puede ser rebatido en todos sus términos. Bueno, a lo que vamos, que estoy divagando.

Acepta mi consejo: cuando veas algo que provenga del «árbol del té», trata de averiguar en el envase de qué planta estamos hablando, pues puede ser de *Melaleuca alternifolia*, que iba para árbol y se quedó en arbusto, o bien *Leptospermum scoparium*, también un arbusto pero de mayor tamaño, con más aspecto de árbol. El primero, conocido también por *melaleuca*, es de origen australiano, mientras que el otro procede de Nueva Zelanda y mantiene además su nombre aborigen, *manuka*, que apellida una miel famosa por sus propiedades de la que luego te hablaré.

A partir de ahora, por simplificar un poco las cosas, me referiré como árbol del té al australiano y como manuka al de Nueva Zelanda, por ser las denominaciones más comunes.

¿De dónde viene el confuso nombre común de este árbol? Retrocedamos al siglo XVIII.

Las disputadas rutas de las especias, el descubrimiento de América y la circunnavegación de los marineros españoles y portugueses habían proporcionado durante doscientos años muchos conocimientos de ingeniería naval, así como cartografía de rutas marítimas y territorios esparcidos por los mares. Las Filipinas españolas tenían en Manila el centro documental y cartográfico más importante del Pacífico cuando en 1762 fueron tomadas por los ingleses. El último gobernador británico de Manila, Alexander Dalrymple, saqueó la importantísima biblioteca del gran convento agustino de San Pablo, donde se reunía todo ese saber. Por primera vez los británicos tenían, tras un robo y espionaje, una valiosa información cartográfica. Así que querían aprovecharla y, mediante el subterfugio de una falsa expedición astronómica para observar Venus, se dispusieron a la conquista de las tierras de los mares australes con los mapas españoles. Esto lo hizo el navegante y militar James Cook, quien, tras llegar a Nueva Zelanda en 1769 y viendo que no era el continente ansiado, siguió su viaje hasta Australia, a la que llegó en 1770. Podrían haber sido los españoles los que llegaron a Australia. Desde luego, los británicos les deben a los cartógrafos españoles la hazaña de Cook, y ¡qué poco reconocida está esa realidad!

El árbol del té ya era utilizado por los indígenas australianos, que, a partir de sus hojas, empleaban remedios en forma de infusión para aliviar los problemas en la garganta y el estómago o en forma de cataplasma para curar infecciones y otras enfermedades cutáneas, como heridas, quemaduras o picaduras de insectos. Cook y sus hombres observaron esto y, como seguían siendo tan británicos, viendo que a eso de las cinco de la tarde allá donde estaban no tenían té, pensaron: «¿Por qué no probar la infusión de esas hojas?». Y oye, el resultado fue satisfactorio. El sabor era más fuerte que el del té de verdad, pero era aromático y parecía reconfortante y, a falta del producto original, con un poco de imaginación y cierta resignación... Aunque la verdad es que seguía sin ser té. Por cierto, nunca hagas esto con una planta desconocida como hizo Cook. ¡No seas conejillo de Indias de tus imprudencias, porque puede que no llegues a conocer el resultado! Antes de que un remedio basado en plantas se apruebe oficialmente, lleva tras de sí muchos ensayos: purificaciones, aislamientos de las moléculas que interesan, establecimiento de la concentración y dosis efectivas y seguras.

Lo cierto es que, como vemos con otras muchas plantas, la sabiduría popular o ancestral basada en la tradición transmitida entre generaciones, después del método de prueba y error, parece que con el tiempo encuentra respaldo en la ciencia. Y así fue cuando en 1920, por vez primera, el prestigioso químico australiano Arthur de Ramon Penfold investigó y demostró las propiedades del aceite esencial del árbol del té por vía tópica, con un resultado doce veces más potente que el antiséptico para la piel más usado por entonces, el ácido carbólico, y con escasa toxicidad para los humanos (salvo algunas excepciones). Estas propiedades fueron descritas en 1924 por Joseph Henry Maiden y Ernst Betche en *Journal and Proceedings of the Royal Society of New South Wales*. El uso terapéutico descrito tuvo tal éxito que fue el desinfectante que todo soldado australiano llevaba en su botiquín durante la Segunda Guerra Mundial. Los médicos del país proclamaban con asombro su eficacia en la curación de heridas quirúrgicas. La llegada de los antibióticos, con su mayor eficacia, a partir del fin de la guerra, desplazó a este aceite, pero su final no había llegado...

Australia es un país-continente con unas condiciones extremas. La melaleuca se ha adaptado a ese entorno sumamente hostil. Se trata de una planta con muchas ganas de vivir, así que ni la tala, ni los incendios frecuentes ni los microorganismos han podido con ella, gracias a su arsenal de moléculas defensivas y autocurativas. Son capaces de vivir en terrenos pantanosos o áridos, en suelos salinos... Ahí está la base bioquímica en la que nos hemos fijado los humanos para nuestro interés.

El nombre *melaleuca* viene del griego antiguo *mélas*, que significa 'negro' u 'oscuro', y *leukós*, 'blanco'. Esta combinación contradictoria podría hacer referencia a su resistencia al fuego, que mantiene la corteza exterior quemada mientras que su interior resiste en tonos blancos.

El aceite del árbol del té se obtiene a partir de una destilación a vapor de agua de las hojas frescas y la corteza del árbol. Contiene más de cien componentes. Para evaluar la calidad del aceite del árbol del té fabricado, la Organización Internacional de Normalización (ISO) ha definido concentraciones mínimas y máximas para quince de sus componentes. El principal constituyente activo es el terpinen-4-ol, que representa entre el 35 y el 48% del aceite de árbol del té, según una revisión sistemática publicada en 2023 en la revista *Frontiers in Pharmacology*. Otras moléculas presentes incluyen otros alcoholes como γ-terpina, α-terpina y 1,8-cineo.

Aceite del árbol del té.

A partir de los años ochenta hubo un resurgir de este remedio natural debido al aumento de la resistencia bacteriana a los antibióticos. Desde entonces lo podemos ver anunciado con propiedades cicatrizantes, antiinfecciosas en la piel (virus, bacterias y hongos), en productos para la higiene oral, añadido en champús y jabones...

Y la pregunta clave es ¿resulta seguro? Pues este tema ha sido un asunto controvertido. El aceite esencial nunca debe ingerirse, especialmente por los niños y animales domésticos, ya que es tóxico por esa vía y puede resultar grave. Tampoco se puede usar en caso de tener eczemas en la piel. Hay estudios que encontraron efectos como disruptor endocrino con potencial estrogénico, por lo que, exactamente igual que en el caso de la soya que ya te conté, estaría contraindicado en algunos cánceres femeninos, así como en varones preadolescentes. Sin embargo, otros estudios posteriores rechazaron esa posibilidad. Otro punto de interés sobre su seguridad es la capacidad de producir alergias, aunque parece que esto ocurriría, sobre todo, si hay oxidación y degradación de los componentes debido a un envejecimiento del aceite esencial. Serían necesarios estudios más rigurosos y amplios sobre este aspecto.

La otra pregunta que nos importa es ¿realmente funciona?, ¿su eficacia está respaldada hoy por la ciencia? Pues en 2023 se publicó una revisión científica y en ella se afirmaba que los estudios realizados hasta el momento, que le atribuían beneficios para el tratamiento del acné, lesiones de molusco contagioso, causas microbianas de caries, enfermedad periodontal y afecciones fúngicas orales, infecciones causadas por bacterias resistentes a los antibióticos y dolencias oculares, no habían sido bien diseñados y, por tanto, no se pueden dar por definitivos. Además, los autores de este estudio más reciente recomiendan nuevas formulaciones para mejorar la administración localizada de componentes activos del aceite del árbol del té para minimizar riesgos, así como optimizar la actual concentración terapéutica estándar.

En resumen: podría ser eficaz para los fines indicados, pero no hay un respaldo de estudios clínicos sólidos en humanos.

Hasta aquí llega el tema de la melaleuca, pero recuerda que teníamos otro árbol del té, igual o más interesante (juzga tú). Se trata de la manuka de Nueva Zelanda.

Este nombre procede del maorí y, como ya te comenté, es el nombre común de otra especie completamente diferente, *Leptospermum scoparium.*

Sigamos con la confusión con la que empezamos. El nombre *árbol del té* lo mismo se atribuye a la historia relatada con James Cook y la melaleuca que a los maoríes neozelandeses con la manuka. ¿En qué quedamos, capitán Cook?, ¿Australia y su melaleuca o los maoríes y su manuka?

Lo cierto es que me veo incapaz de afirmar algo en esta disputa. Sospecho que la historia del señor Cook tiene algo de verdad, pero también puede haber algo de mito alimentado por su biógrafo de viajes, John Hawkesworth, para gloria no solo del navegante, sino del mismísimo Imperio británico.

Pero como no somos de una sola idea, el nombre *árbol del té* podría venir también, según algunos, de un tinte marrón que se asemejaría al té y que producirían las hojas empapadas de agua. Por ese efecto, a veces, también las superficies encharcadas cercanas al árbol presentan ese mismo color.

Volviendo a la manuka, tiene unos efectos parecidos a los de su pariente australiano. Hasta aquí todo normal. Sin embargo, hay algo que la hace especial: la miel obtenida gracias a la abeja común europea.

Miel de Manuka.

Esta miel es una de las más caras del mercado, de manera que la vas a encontrar en algunos supermercados *gourmet* o en tiendas especializadas. Como producto de lujo, cuenta con imitaciones, así que ten cuidado porque hay mucho fraude en torno a esta miel. La propiedad más especial es su aplicación terapéutica, particularmente para la piel.

El gobierno de Nueva Zelanda ha establecido unos estándares obligatorios que se certifican mediante cinco test realizados por un organismo independiente, cuatro sobre la composición química y un quinto de ADN, para demostrar que proviene del árbol de manuka, a modo de certificado de autenticidad. Este organismo independiente es The Unique Manuka Factor Honey Association (UMFHA). Pero resulta que en Australia también existe este mismo árbol, así que los australianos han creado su propio organismo certificador, Australian Manuka Honey Association (AMHA). Por cierto, los australianos dicen que la miel de manuka es original de su país y que después pasó a Nueva Zelanda. No sé por qué pienso que en esto del árbol del té hay cierta rivalidad entre unos y otros, ¿no?

Yo voy a asumir que es de Nueva Zelanda y ya ni modo. Que no se enojen los australianos.

La verdadera miel certificada se basa en cuatro principios: potencia, autenticidad, vida útil y frescura, y se ha establecido un sistema de grados o factores, medidos como UMF (*Unique Manuka Factor*) que responden a la calidad y potencia terapéutica.

Estos grados, de menor a mayor, van desde UMF 5+ a UMF 25+ (entremedias existen 10+, 15+, 20+).

Siguiendo los principios de esta miel certificada, los grados indican la cantidad de cuatro moléculas clave:

- Metilglioxal (MGO), para la potencia bactericida.
- Leptosperina, que garantiza con su presencia que la miel procede auténticamente de la manuka.
- Dihidroacetona (DHA), que avala las propiedades del metilglioxal de la miel a lo largo del tiempo.
- Hidroximetilfurfural (HMF), para asegurar que la miel no ha sufrido un exceso de tratamientos o un almacenaje por mucho tiempo previo a su venta.

Y por supuesto, Australia y Nueva Zelanda tienen que ser fieles a sus orígenes anglosajones, es decir, tener un sistema métrico que no entienda nadie. Esto también lo aplican a la miel. Por ejemplo, la actividad bactericida se mide comparándola con la acción que tendría una disolución de fenol en agua, aunque en la miel se debe a la concentración de MGO, pero claro, al compararla con la actividad bactericida, para un mismo parámetro tienes dos escalas diferentes.

Resumiendo, es un problema esto de los factores y los grados por las distintas formas de medir de Australia y Nueva Zelanda y su competencia comercial. ¡Cómo mejoraría el mundo si unos y otros nos entendiéramos!, ¿verdad, australianos y neozelandeses?

Como busco sacar todo esto de la oscuridad y del caos no solo para ti, sino para mí misma, me gustaría explicar qué es la «actividad no peróxido», una característica especial de esta miel, y su importancia.

La producción de agua oxigenada (peróxido) es común en prácticamente todas las mieles. Gracias a las reacciones químicas de la glucosa y el oxígeno con la enzima glucosa oxidasa, se forma mayoritariamente peróxido de hidrógeno, a lo que ayuda que la miel tiene un pH ácido y una alta concentración de azúcares capaces de atacar las infecciones menores de bacterias sin dañar los tejidos humanos. Pero esta propiedad antiinfecciosa se pierde fácilmente en contacto con la luz, el calor, la saliva o la sangre.

¿Qué hace especial a la miel de manuka? Una característica descubierta por el bioquímico neozelandés de origen británico doctor Peter Molan en 1981, quien se percató de que la acción antiséptica de la miel de manuka se mantenía incluso después de perder el peróxido de hidrógeno que tienen todas las mieles. Tiene en exclusiva la actividad bactericida no relacionada con el peróxido («actividad no peróxido») adquirida por la relación de las abejas con la planta *Leptospermum scoparium*. Es decir, que esta miel nunca pierde la capacidad bactericida, aunque pierda la actividad peróxido. Esta propiedad depende de las moléculas de metilglioxal, que en este producto no se ven afectadas por los factores que inhibían las propiedades antibacterianas de la actividad peróxido (luz, calor, saliva y sangre, ¿recuerdas?). El profesor Molan fue nombrado miembro de la Orden del Imperio británico por este y otros descubrimientos en torno a la miel de manuka. De hecho, él fue quien creó el sistema de clasificación UMF de esta miel y posteriormente el llamado *estándar de oro de Molan*, basándose en el contenido de metilglioxal (mayor contenido, mayor calidad). En un estudio científico publicado en 2020 en la revista *Anti-*

biotics se encontró que utilizar la miel de manuka para tratar heridas, quemaduras e infecciones en la piel ofrece un interesante efecto coadyuvante y protector frente a algunos microorganismos, como *S. aureus* y *E. coli*, además de la defensa frente a otros, como *P. aeruginosa*, capaces de formar biopelículas (una organización de las bacterias en una capa fina, unidas por una mucosa que ellas mismas segregan y que las hace muy resistentes), algo difíciles de tratar con antibióticos y últimamente aún más, dadas las resistencias a los tratamientos convencionales a los que se están haciendo inmunes algunas bacterias. Y este no es un tema trivial. La primera causa de muerte en unos años será la resistencia a los antibióticos. No descubrimos antibióticos tan rápido como se generan las resistencias. Estamos perdiendo la carrera armamentística.

Como curiosidad te cuento que el tenista Novak Djokovic desayuna todas las mañanas granola orgánica sin gluten, avena, frutas y dos cucharadas de miel de manuka. Según dice, él «no se resfría». Pero como bien apunta Miguel Ángel Lurueña (@gominolasdpetro en redes sociales), doctor en Ciencia y Tecnología de los Alimentos, «lo del desayuno parece más una poción mágica de Harry Potter que otra cosa [...]. Y la miel no hace milagros».

No sé si te habré aclarado algo la confusión del árbol del té, pero antes de seguir, quiero decir algo importante y que es para hacer justicia: a pesar de la propaganda anglosajona, el primer europeo en avistar el continente australiano no fue el británico James Cook, sino el español Luis Váez de Torres, algo que el Imperio británico se encargó de ocultar tras el robo en Manila.

¡Es que esas cosas duelen!

¿Dije *dolor*? Pues nada de eso. No hay ninguna necesidad de sufrir.

Nombre común	Árbol del té, melaleuca
Nombre científico	*Melaleuca alternifolia*
Usos populares	Cicatrizante y desinfectante. Prevención y tratamiento contra los piojos.
Usos confirmados por la ciencia	Antiséptico, antifúngico, antibiótico y cicatrizante.
Curiosidades	Quizá esta planta no fue la mejor elección como sustituto del té, puesto que tiene una actividad farmacológica conocida. Su extracto se puede utilizar como desinfectante en limpieza doméstica o como conservante en cremas. Su aceite esencial es bastante tóxico, sobre todo para niños y mascotas. Es uno de los mayores mitos en el tratamiento contra los piojos, no recomendado por pediatras por ineficaz y por su toxicidad.

Nombre común	Árbol del té, manuka
Nombre científico	*Leptospermum scoparium*
Usos populares	Antiséptico usado por los maoríes.
Usos confirmados por la ciencia	Antiséptico.
Curiosidades	Los usos medicinales de la miel de este árbol parecen confirmados, pero hay un dato más interesante. Se ha observado que una especie de pájaros, los pericos *kakariki*, mastican las hojas de este árbol y se aplican este extracto sobre las plumas para eliminar parásitos.

11

NERVIOS.
PLANTAS QUE TE ALIVIAN EL DOLOR

11.1

MÁS DE CAMPO QUE LAS AMAPOLAS

¿Puede haber una flor aparentemente más delicada que una amapola? Sus pétalos parecen de papel y el diámetro de su tallo desafía al viento más ligero. Sirvieron de inspiración a Monet, que les dedicó una obra en 1873, y los países miembros de la Commonwealth la convirtieron en el emblema del Día del Recuerdo, también llamado Día de la Amapola (o *Poppy Day*), para honrar a los caídos en guerra, específicamente desde la Primera Guerra Mundial.

Las amapolas pertenecen al género *Papaver*, pero hay diferentes especies que presentan pétalos de diferentes colores: rojo, amarillo, naranja, blanco y violeta. Si te pido que pienses en una amapola, piensas en la roja, ¿verdad? Yo nunca he visto una amapola de otro color. Pensaste en *Papaver rhoeas* y es la amapola común o silvestre. Es tan popular que hay un color rojo vivo que deriva de su nombre. El color se llama *punzó* y su origen está en Francia, donde las amapolas rojas se conocen como *ponceaus*. En el laboratorio hay un colorante llamado precisamente así, *rojo ponceau*, que utilizamos para teñir proteínas. Es el que se utilizaba antiguamente en bebidas de color rojo vivo como el bíter.

Pocas veces de una sola planta (y en este caso fruto) se han obtenido tantos productos, que han hecho tanto bien a la humanidad (usados correctamente) y han acabado con tanta gente (usados incorrectamente). Te voy a presentar a *Papaver somniferum*, conocida por su nombre común de amapola real o adormidera.

Esta es su historia. Empecemos por el principio.

Hemos cultivado la adormidera desde hace por lo menos cuatro mil años, y eso significa que la hemos domesticado porque, a fin de cuentas, domesticar es controlar la reproducción de una planta o animal. Parece ser nativa del sur y este de la Europa mediterránea. Se han encontrado evidencias de su cultivo y uso en asentamientos en diferentes localizaciones europeas incluso más antiguas, del 5700 a. C. La primera noticia del hallazgo de restos arqueobotánicos de plantas psicoactivas en la península ibérica se remonta a mediados del siglo XIX, con el descubrimiento en la estación neolítica de la Cueva de los Murciélagos de Albuñol, en Granada, de un gran número de cápsulas y semillas de *Papaver somniferum*, la amapola del opio, entre los ajuares funerarios de los individuos allí sepultados. El profesor Miguel Botella, catedrático de Medicina Legal y Forense de la Universidad de Granada, antropólogo forense mundialmente reconocido, es también gran amigo mío. No mucha gente sabe que, además de médico y antropólogo, es arqueólogo. En esta faceta, fue quien descubrió la evidencia de cáncer de mama más antigua del mundo en una momia de hace cuatro mil años que él mismo desenterró en Asuán, Egipto, donde sigue yendo con frecuencia. Miguel y yo hablamos a menudo de cualquier cosa, especialmente de muertos. Cuál fue mi sorpresa cuando un día, comentando este capítulo, me dijo que tenía un libro muy especial escrito por don Manuel de Góngora y Martínez, relevante arqueólogo e historiador almeriense del siglo XIX. Es especial porque data de 1868 y fue el primer escrito sobre la prehistoria que se publicó en España.

Se titula *Antigüedades prehistóricas de Andalucía. Monumentos, inscripciones, armas, utensilios y otros importantes objetos pertenecientes a los tiempos más remotos de su población*. En él, haciendo referencia a los habitantes de esta zona, dice textualmente (atención a la ortografía y gramática de la época):

> Consistian las ofrendas funerarias de sus primitivos habitantes [de Albuñol], tan pobres, sencillas, poéticas y elocuentes como presumo que serian sus costumbres patriarcales, en flores, pequeñas plantas, caracolillos y conchas, fragmentos de piedras vistosas ó transparentes ó teñidas de vivo color por la naturaleza misma; y en mechones de pelo de las personas queridas: todo como prenda de recuerdo y amor. Acompañábanlas con especialidad multitud de cabezas de adormideras, símbolo del sueño, imágen de la muerte: tanto se descubrió dentro de pequeñas bolsas de esparto, al lado de cada cadáver. Conservo en mi poder once de aquellas bolsas con varios de esos objetos. [...] Los romanos estimaban en mucho las adormideras españolas bajo el nombre de papáver ibéricum y se obtenían de ellas un ópio muy poderoso, de cuya virtud se valió Licinio, caballero romano, para dar fin con sueño eterno á sus perpetuas y molestas enfermedades.

Si quieres ver esas bolsitas con las cápsulas, están expuestas en el Museo Arqueológico Nacional de España.

Pues bien, siguiendo con la adormidera, es una planta herbácea cuya flor normalmente tiene cuatro pétalos blancos, malvas o rojos, a veces con marcas oscuras en la base. Su fruto, que ya te adelanté, es algo particular porque no es carnoso como una manzana ni de hueso como un durazno o una aceituna, sino que es una cápsula que almacena en su interior las semillas y cuando está madura, se abre para liberarlas. Esto se denomina en botánica *fruto dehiscente* y es lo que les pasa a las vainas de las legumbres, por ejemplo. ¡Ah! Se me olvidaba. Esta es otra planta para no tocar. Su savia, que es liberada cuando sufre un daño, es rica en alcaloides. Luego hablaremos de ella.

Semillas de amapola (*Papaver* spp.) usadas en alimentación.

De la adormidera nos interesan principalmente dos partes: las semillas y la cápsula. Las primeras son pequeñitas, prácticamente milimétricas, con forma arriñonada y negras. Tan pequeñas que un gramo contiene aproximadamente 3 300 semillas. ¿Has probado el pan con pepitas y te has fijado si tiene encima unas minúsculas simientes negras? Las de *P. somniferum*, así como las de *P. rhoeas*, tienen mucha importancia en la industria alimentaria, y no es de extrañar si consideramos que 100 gramos de semillas de amapola aportan 525 calorías y son una rica fuente de tiamina, folato, calcio, hierro, magnesio, manganeso, fósforo y zinc. Además, tienen un contenido muy interesante (entiéndase, saludable) de ácidos grasos, especialmente ácido linoleico y oleico. ¡Y sin alcaloides! No está nada mal. Parecería que es un alimento reciente, como aquellas bayas de Goji, ¿te acuerdas de ellas?, y sin embargo se han cosechado durante miles de años. En muchas civilizaciones hemos podido encontrar textos médicos donde se menciona la semilla de amapola. Uno de los más conocidos es el papiro de Ebers (1500 a. C.), uno de los tratados médicos más antiguos, con setecientas fórmulas magistrales y remedios donde se describe el uso sedante de semillas para prevenir el llanto excesivo en los niños. En la Edad del Bronce, en la isla de Creta, la civilización minoica cultivaba amapolas para usar una mezcla de sus semillas, leche, opio y miel también para calmar a los bebés que lloraban. Que no cunda el pánico porque, insisto, la cantidad que podemos ingerir no supone en la mayoría de los casos un peligro... salvo alguna excepción.

Actualmente se utilizan en la gastronomía europea, norteamericana, india, judía y pakistaní, o se prensan para obtener el aceite de semilla de amapola, con múltiples usos culinarios e industriales (como secante en la industria de la pintura o para la fabricación de jabones). En España se utilizan especialmente en productos de panadería. A lo mejor no son el país que más las consume, pero sí uno de los que más la produce (pasa lo mismo con los alimentos ecológicos): en 2018 el primer productor de semillas de amapola fue Turquía, y España ocupó la tercera posición. La verdad es que no se trata de un alimento que vayas a comer a cucharadas, pero déjame que te advierta de una cosa. El opio, que es el látex seco que produce la cápsula y que veremos a continuación, no se extrae de las semillas, pero todas las partes de la planta pueden contener los alcaloides que este tiene, especialmente la morfina y la codeína. Por ese motivo, si cuando vuelvas de tu viaje a Polonia te traes un *makowiec* por Navidad, para que lo pruebe tu familia, ten cuidado. Este platillo típico navideño es un pastel enrollado con relleno de semilla de amapola y puede dar positivo en opiáceos en una prueba de drogas (es que aquí hablamos de un relleno de semillas, no de un trocito de pan con unas cuantas encima). Supongo que tu cara convencerá al agente de la ley para que te haga una segunda prueba más concreta y descartar que le has echado un rollo. Más bien tú te has echado un rollo.

En la mayor parte de Europa Central, la semilla de amapola se usa comúnmente para pasteles y tartas tradicionales, así que es legal producir estas flores en toda la región. El problema que tiene su cultivo es que, claro, hace miles de años que se domesticó, y desde entonces se han desarrollado muchas variedades diferentes, con lo cual, dependiendo del uso que le vayamos a dar, nos interesará una variedad con alto contenido de alcaloides (uso farmacológico) o un contenido mínimo (uso alimentario). Por este motivo se ha endurecido la legislación en todo el mundo y hay varios países donde se prohíbe cualquier variedad, como los Emiratos Árabes, o bien se permite el cultivo para un uso, pero no para otro. Por ejemplo, Canadá, que prohíbe poseer, buscar u obtener la adormidera, sus preparaciones, derivados, alcaloides y sales, hace una excepción con las semillas. En abril de 2023 entró en vigor en Europa el reglamento que establece los límites máximos de determinados contaminantes en los alimentos. La Comisión Europea estableció un contenido máximo de alcaloides opiáceos, expresado como la suma de morfina y codeína a la que se le aplica un factor de corrección (morfina + 0.2 x codeína) en determinados productos alimenticios, concretamente 20 mg/kg para las semillas de adormidera enteras o molidas comercializadas para el consumidor final y 1.5 mg/kg para productos de panadería. Lo dicho, eso es poquito y en cualquier caso seguro para el consumo.

Algunas moléculas tóxicas se han utilizado como medicamentos durante la mayor parte de la historia de la humanidad. Unas líneas más arriba te conté que hace miles de años ya se usaban las semillas de amapola como sedante. Ahora te voy a contar algo curioso.

Resulta que en la Grecia clásica no existía el consumo de «drogas» como podemos entenderlo hoy en día. Tampoco existía un vocablo griego para designar al drogadicto ni la drogodependencia, salvo que consideremos el alcohol como una droga, en cuyo caso sí había palabras para esto. Sin embargo, el idioma griego contaba con una única palabra para identificar a la vez 'medicamento' y 'veneno'. La palabra era *pharmakon* y se refería a un producto medicinal o más bien una pócima, pues estaba muy relacionado con la magia, dado que la misma palabra se utilizaba para designar a un mago y un hechizo. La parte positiva de *pharmakon* era la medicina, mientras que el lado oscuro era el veneno. Por ejemplo, el filtro de Medea que mató a sus hijos y a la futura esposa de su amante Jason era un *pharmakon*. También lo fue el veneno que utilizaba el rey Mitrídates todos los días para volverse inmune.

Hago una parada en mi relato. Si no has visto *La princesa prometida*, deja de leer aquí y ve a ver esta película de culto (¿es posible que no la hayas visto? ¡Aiñ!). Si ya la viste, sigue leyendo.

De ahí deriva el mitridatismo como la práctica de la protección de uno mismo contra un veneno mediante la autoadministración, poco a poco, de cantidades de veneno no letales. Si ya viste la película, ¿te acuerdas de la legendaria escena de la batalla de ingenios entre Westley y Vizzini? Dos copas de vino y un veneno, yocaína (solo existe en la peli). Al beber, uno de los dos morirá. Tras un largo y enrevesado razonamiento, Vizzini elige y muere. Westley colocó veneno en las dos copas, pero con el tiempo había desarrollado inmunidad a la yocaína, y eso le hizo vivir (y que suspiráramos de alivio).

En la *Odisea* de Homero, escrita en el siglo VIII a. C., se dice que Elena, durante un banquete en el que los comensales cayeron en una profunda melancolía, ordena a los criados que echen *nepenthes* o nepento en las copas porque esta «bebida del olvido» hará que vuelva la sonrisa a todos los que estaban allí. Calma todos los males, te hace incapaz de sentir tristeza. Etimológicamente significa 'sin dolor', 'que no hay dolor' o 'la anulación de cualquier dolor'. A lo largo de los siglos, los historiadores han sugerido que *nepenthes* podría ser cannabis. Sin embargo, numerosos investigadores y Thomas de Quincey, autor de *Confesiones de un inglés comedor de opio*, afirman que el *nepenthes* era en realidad opio. Pese a que se sospechaba que fuera cannabis, el opio se menciona en escrituras antiguas egipcias, cosa que no ocurre con el primero, así que suponemos que el *nepenthes* estaba más cercano a ser opio que cannabis. Por cierto, otro libro de Thomas de Quincey era *Del asesinato considerado como una de las bellas artes*... Un curioso personaje este Thomas.

El nepento es ficticio, pero lo cierto es que las propiedades de los alcaloides de la adormidera la han convertido en —y esto es una opinión personal— el mejor fármaco para la historia de la humanidad, especialmente frente a algunas enfermedades.

A estas alturas ya sabes que la adormidera (*Papaver somniferum*) es la principal fuente de opio. Durante su obtención mediante el método tradicional, que es un poco laborioso, se hacen incisiones en las cápsulas que contienen las semillas inmaduras, el látex rezuma y se seca hasta formar un residuo amarillento y pegajoso que luego se raspa y se deshidrata. Ese es el opio. ¿Conoces el término *meconio* para referirse a la primera caca de los recién nacidos? Ese vocablo deriva del griego *mekonion*, que significa 'amapola'. En este contexto, puede hacer referencia a su apariencia de alquitrán, que se asemeja a algunas preparaciones de opio crudo, o a la creencia de Aristóteles de que induce el sueño en el feto. Históricamente hacía alusión a compuestos más débiles realizados con otras partes de la adormidera, aunque tal vez esté relacionado con el ácido mecónico, que supone el 5% del opio y del que se extrajo la morfina por primera vez.

Cápsula de opio con gota de látex.

Opiáceos

El opio contiene una clase de alcaloides naturales conocidos como *opiáceos*, y estos incluyen la morfina, codeína, tebaína, papaverina y noscapina. Aproximadamente el 12% del opio es morfina, que se procesa químicamente para producir heroína y otros opioides sintéticos para uso medicinal y para el tráfico ilegal de drogas. La tebaína recibe el nombre de la ciudad egipcia de Tebas, que, desde la Antigüedad, comerciaba con opio y, en los siglos XVIII y XIX, se convirtió en un gran centro de estos negocios. Es una de las moléculas precursoras de la morfina y, aunque se parece a esta, no tiene uso terapéutico, sino que se utiliza principalmente como fuente para producir otros compuestos sintéticos, como la oxicodona o la naxolona, entre otros. Por cierto, en 2016 un equipo de biotecnólogos de la Universidad de Kioto publicó un estudio científico en *Nature Communications* donde informaron que habían logrado mediante ingeniería genética que la bacteria *Escherichia coli* produjera tebaína de una forma eficiente. Hasta ese momento se había conseguido con levadura, pero con esta bacteria se genera trescientas veces más de este precursor de la morfina.

La papaverina (ya ves que los que ponen los nombres no se complican) supone un 0.8-1% del opio y suele utilizarse para mejorar el flujo sanguíneo en los pacientes con problemas de circulación, aunque como antiespasmódico tiene aplicación en el tratamiento de cólicos intestinales, nefríticos o biliares. Si has tenido tos seca, mira el jarabe que te recetaron; es muy posible que entre sus principios activos esté la codeína o la noscapina. Lo bueno de estos dos opiáceos es que, al no tener efectos hipnóticos, eufóricos o analgésicos significativos, tienen un potencial adictivo muy bajo, pero por si acaso no te confíes. El 2% o del opio lo constituye la codeína y, aunque es el principio activo más frecuente indicado para la tos, también se usa para otras afecciones. Debes saber que en el hígado la codeína se va a transformar en morfina, así que no seas imprudente y no tomes un jarabe con codeína sin prescripción médica, y mucho menos sin tener en cuenta la dosis indicada.

Posiblemente te suene el láudano o tintura de opio. También está relacionado con el opio. Paracelso elaboró en el siglo XVI una especie de bálsamo sólido a base de opio, beleño, almizcle y ámbar disuelto en un alcohol que solía ser vino blanco. Durante un par de siglos, aunque admitiendo diversas variaciones en su composición, se destinaba a aliviar cualquier tipo de dolor (incluso los originados por el cáncer), la ansiedad y para la tos..., y se vendía libremente. Sin embargo, durante el siglo XIX en la Inglaterra victoriana parece que le dieron otro uso, como parte de círculos culturales de artistas y escritores, que lo consideraban un *néctar divino*. Creo que en esta consideración sus propiedades narcóticas tuvieron algo que ver. Se cuenta que en aquella reunión de lord Byron con sus amigos en el verano de 1816 en la Villa Diodati, donde el mal tiempo los mantuvo encerrados tres días contando historias de miedo, Mary Shelley encontró en los efectos del láudano la inspiración para escribir *Frankenstein* y John William Polidori, para escribir *El vampiro*. Quizá hayas tenido alguien cercano, tal vez un abuelo, que recordando su niñez te haya dicho que en ciertos lugares se podía comprar en 1925 en las boticas a un precio de 30 céntimos el gramo.

Es momento de hablar de los opiáceos realmente importantes: la morfina y la heroína.

Hipnos, dios del sueño, se representaba con unas alas que batía silenciosamente para desplazarse, llegar a los hombres e inducirlos al sueño. En muchas culturas, se considera que Hipnos y Morfeo (su hijo) son el mismo dios. Morfeo se encargaba de inducir los sueños de quienes dormían y de adoptar una apariencia humana para aparecer en ellos, especialmente la de los seres queridos. La expresión *estar en los brazos de Morfeo* significa soñar y por extensión dormir, o viceversa. En *Las metamorfosis* de Ovidio se cuenta que Morfeo duerme en una cama de ébano en una cueva poco iluminada y rodeado de flores de adormidera.

Y es que la morfina produce un sueño intenso. Calma el dolor y así te relaja, te adormece como si te arrullara... Por ese motivo Friedrich Sertürner, farmacéutico alemán pionero en la química de los alcaloides, le dio el nombre de *morphium* al primero que consiguió aislar en 1804. Por si te lo preguntas, sí, él mismo se la administró... y a tres niños pequeños, a tres perros y a un ratón; los cuatro humanos casi mueren, pero pudo comprobar en primera persona sus efectos fisiológicos.

La morfina es el alcaloide de mayor importancia farmacológica que se obtiene de forma natural del opio y también el mayoritario, pues representa entre el 8 y el 14% de su peso seco. Solo la especie *Papaver somniferum* es capaz de producir morfina, y aunque se ha conseguido sintetizar químicamente, hoy en día sigue siendo más rentable producirla a través del cultivo de esta planta. Por ello, dada su relevancia terapéutica, se han desarrollado cultivares de alto rendimiento donde el contenido de morfina puede alcanzar el 26%, a diferencia de otros con una cantidad mínima o nula de opio como es el caso de la variedad sujata, que no contiene látex y que fue obtenida en 2014 mediante mutagénesis por un grupo de científicos de la India. La biotecnología vegetal es lo máximo, no me digas que no.

Otros cultivares como przemko y norman se han destinado a la producción de otros fármacos como la oxicodona, por lo que el contenido de tebaína es elevado.

Como curiosidad, resulta que España no solo es líder mundial en donación de órganos, sino que es el principal suministrador de morfina del mundo y el segundo productor de adormideras para la fabricación de fármacos hechos a base de alcaloides. Los cultivos cuentan con vigilancia policial, además de seguridad privada durante las veinticuatro horas. Solo se dispone de una empresa autorizada en España por Sanidad para el cultivo de *P. somniferum* y la obtención de alcaloides con este fin. ¡La producción no es baladí! 100 toneladas de morfina en 2021, por delante de Australia, Turquía, Francia e India.

Seguramente has oído hablar de las endorfinas, esas hormonas de la felicidad, ¿verdad? Químicamente, las endorfinas son polipéptidos opioides endógenos. ¿Qué es esto? Pues proteínas muy pequeñitas que se unen a los mismos receptores que los opioides y, por tanto, tienen un efecto similar a la morfina. Podríamos decir que es nuestra morfina endógena. De ahí que haya actividades que nos hacen sentir bien. Por ejemplo, el ejercicio físico intenso, el orgasmo, reír, enamorarse, el propio dolor (sí, no me preguntes por qué, pero hay gente a la que la excita y la hace sentir bien), comer picante o chocolate (y aquí añadiría yo ir de compras, comer sushi, que la báscula te diga que has adelgazado 2 kilos o que te acepten un artículo científico, pero todo esto no está avalado por la ciencia). Todos estos factores estimulan la liberación de endorfinas en áreas del cerebro que están en el centro de la supresión del dolor. Es nuestra forma interna de bloquear la percepción del dolor y aumentar la sensación de bienestar, como la morfina pero sin contraindicaciones.

Hoy en día es difícil valorar la trascendencia de una simple aguja hipodérmica, ¿verdad? Parece que siempre estuvo ahí, como las vacunas, gracias a las que hay gente que cree que nunca hubo polio o viruela, porque no las vio. Fue Alexander Wood, un médico escocés, quien inventó la aguja en 1853, y adivina para qué. En un acto puro de amor y desesperación, la inventó para inyectarle morfina a su mujer Rebecca y tratar de calmarle los horribles dolores de un cáncer incurable. La primera inyección de la historia fue de morfina. Su mujer finalmente vivió más que él y su invento trascenderá para siempre. ¡Cuánta gente se ha podido beneficiar de la morfina inyectable!

Existe la idea errónea de que el primer abuso generalizado de una droga opiácea se produjo durante la guerra de Secesión, cuando se identificó lo que se conoce frecuente-

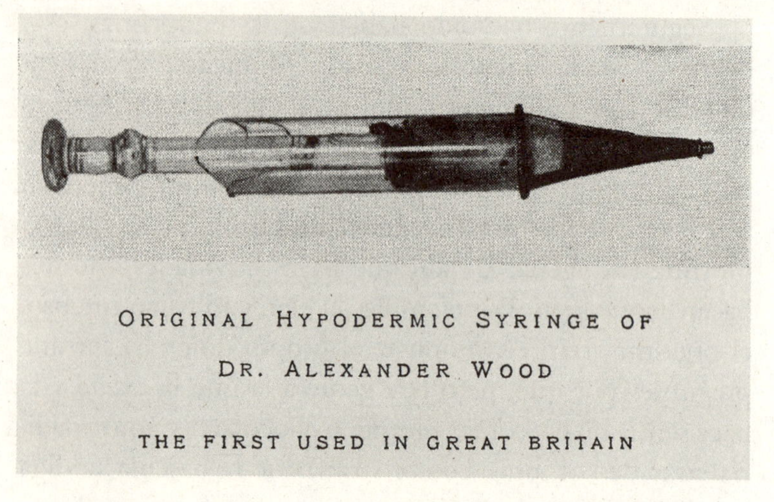

Jeringa hipodérmica original del doctor Alexander Wood.

mente como *la enfermedad del soldado*. Pero la verdad es que no existe absolutamente ningún registro que lleve un recuento de los adictos que surgieron de la lucha. Parece ser algo aceptado que se ha dado por cierto a pesar de no tener fundamento. Esto pasa mucho. El mito se creó más de un siglo después, cuando Gerald Starkey escribió un libro publicado por la Asociación de Fiscales del Distrito Nacional en el que afirmaba que esa guerra civil produjo cuatrocientos mil adictos a la morfina, que fueron esclavizados por la única droga disponible para aliviar el dolor de sus horribles heridas en el campo de batalla. Starkey no nombra ninguna fuente. Tampoco existen registros en los Archivos Nacionales. De la gente que volvió de la guerra de Vietnam adicta a la heroína estamos más seguros.

Opioides

La morfina se puede usar tal cual, pero también podemos modificarla para producir opioides como la heroína, naxolona, metadona, tramadol, loperamida, etc. Date cuenta de que, hasta ahora, hemos estado hablando de *opiáceos*, pero ahora los llamo *opioides*. No es lo mismo. Aunque el nombre es muy similar, los opiáceos son naturales y derivan directamente del opio, mientras que *opioides* es un término más amplio que comprendía por lo general productos semisintéticos y sintéticos (y para mucha gente sigue siendo así), pero que en la actualidad engloba también a los naturales. Para que tú y yo nos entendamos a lo largo de este capítulo, los opiáceos serán los de origen natural, como la morfina, codeína, tebaína, papaverina y noscapina, y los opioides podrán tener origen semisintético, como la heroína, oxicodona, hidrocodona, hidromorfona y oximorfona, o sintético, como metadona, fentanilo y tramadol.

La mayoría de los opioides semisintéticos están indicados para lo mismo: calmar el dolor más o menos intenso incluyendo, también, el continuo, como ocurre en cierta etapa del cáncer. Pero hay un opioide, que ya sabrás cuál es, que se convirtió en una epidemia devastadora en los ochenta y que, antes de matarte, te daba placer. Miles de jóvenes se hicieron adictos a esta droga, que creó una crisis sanitaria y social. Los robos y la violencia se dispararon para financiar la adicción. No era extraordinario que te atracaran por la calle con la punta de una jeringa para robarte. Yo por suerte no lo viví, era una niña y no iba sola por la calle, pero conozco a alguien a quien atracaron no una, sino varias veces con navaja o jeringa. Compartían agujas, lo que favoreció contagios de enfermedades como la hepatitis o el sida, condena a muerte en aquellos tiempos. Los adictos fueron discriminados y apartados de la sociedad. Surgieron palabras nuevas en la jerga callejera para designar al adicto (*yonqui*, anglicismo derivado de *junk*, 'basura'), al que comerciaba y proporcionaba la droga (*dealer*) y a la propia droga (*chochos*). Inhalada, fumada o inyectada, la heroína era tan potente que con pocas dosis ya había generado una persona adicta. Se llevó a muchísimos jóvenes y no tan jóvenes, anónimos y famosos. Hizo sufrir a mucha gente, demasiadas familias...

La heroína deriva de la morfina y, además de analgésico, de forma menos frecuente se utilizaba como antitusivo y antidiarreico. Como te acabo de decir, se necesitaba poca cantidad para crear dependencia, porque si se administra vía intravenosa puede ser entre dos y cuatro veces más potente que la morfina y más rápida en empezar a actuar. El informe mundial de drogas de 2023 realizado por la ONU estima que en 2021 más de 296 millones de personas tomaron drogas, que dejaron 39.5 millones de personas con trastornos por su consumo, y de ellos, unos 13.2 millones de personas se la inyectaron.

Retrocedamos en el tiempo. Es 1874 y Charles Romley Alder Wright es un profesor inglés de química y física en la Facultad de Medicina del Saint Mary's Hospital en Londres. No sabemos si su enfermedad tuvo algo que ver en su motivación científica, dado que desde niño había padecido una dolorosa enfermedad de la cadera, que le provocó una cojera. En ese entonces, el opio y la morfina ya se utilizaban en medicina, pero se sabía que eran sustancias muy adictivas. Wright se encontraba buscando una alternativa a la morfina que no fuera adictiva, así que experimentó combinando morfina con varios ácidos. En uno de esos intentos hirvió un alcaloide de morfina anhidra (sin agua) con anhídrido acético en una estufa durante varias horas y, *voilà!*, surgió una forma más potente que la morfina llamada *diamorfina* o *diacetilmorfina*, que conocemos comúnmente como *heroína* (la molécula de morfina con dos moléculas laterales de dos átomos de carbono cada una), aunque ese nombre se le puso más tarde. El profesor Wright a lo largo de su (corta) vida desarrolló cientos de nuevos compuestos opioides. Tras su muerte, su hallazgo no despertó mucho interés médico y permaneció latente durante veintitrés años, hasta que fue resintetizada por un químico de los laboratorios Bayer, Felix Hoffmann, al que dedicaremos un capítulo entero por su otro hallazgo, la aspirina. Fue su supervisor Heinrich Dreser quien lo animó a que acetilara morfina para producir codeína, similar a la primera, pero menos potente y adictiva. La morfina en ese momento era una droga recreativa popular, y Bayer deseaba encontrar una solución similar, pero que no creara tanta adicción. Los resultados arrojaron que la diacetilmorfina reducía la tos y ayudaba a expectorar y fue descrita como una «droga heroica», bautizándola como *heroína*. Se trataba de una variante de la morfina un 50-100% más potente que esta. Finalmente, Bayer la comercializó como analgésico y sedante para la tos en 1898, pocos días después de sacar a la venta la aspirina. De hecho, era el ingrediente principal de un remedio antitusivo que tuvo muchísimo éxito comercial y fue ampliamente utilizado, hasta el punto de que en 1899 se vendía en más de veinte países. El remedio quitaba la tos causada por la tuberculosis, la neumonía, la bronquitis o del origen que fuera. La publicidad apareció en todos los grandes periódicos.

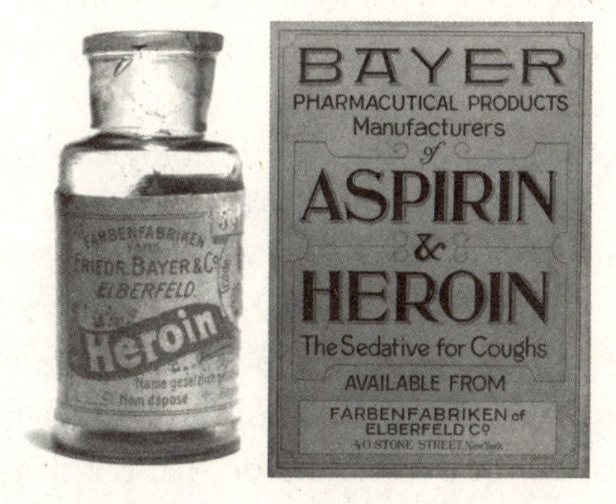

Heroína para la tos de Bayer.

En España, Bayer aprovechó el invierno de 1912 para lanzar una intensa campaña de publicidad de su «jarabe Bayer de heroína» para la tos fuerte, para la estación lluviosa, para el resfriado... Es muy probable que la tomara la población de cualquier edad, incluso niños, dado que se vendía sin receta médica, y fue así hasta que en 1914 Estados Unidos promulgó la Ley Harrison de narcóticos.

Aunque la publicidad de Bayer la presentaba como un «sustituto no adictivo de la morfina», la heroína pronto generaría una de las mayores tasas conocidas de dependencia entre sus usuarios, superando a la morfina. Casi desde el principio de su comercialización se avisó que podría ser adictiva. La clave estaba en el proceso de transformación en el organismo: en el hígado, la heroína (como la codeína) vuelve a convertirse en morfina.

Con el tiempo, tanto la literatura médica como los médicos y farmacéuticos se dieron cuenta de que los pacientes necesitaban dosis cada vez más altas y se volvían dependientes del remedio. Sin embargo, los datos indican que de trescientos cincuenta casos de adicción médica a principios del siglo XX de personas que usaban morfina, opio o heroína debido a una enfermedad, solo seis de esas personas eran adictas a la heroína. Esto supone un 1.7%. La mayoría de los adictos lo eran a la morfina. ¿Y por qué no necesariamente a la heroína? Porque la dosis era muy baja.

La heroína cruzó la línea farmacológica y pasó a ser un producto popular entre criminales. Era más barata en el mercado negro que la cocaína y más fácil de conseguir que el opio, cuya importación en Estados Unidos estaba prohibida desde 1909. En 1912 estaba extendida en Nueva York como droga recreativa. Bayer quiso diferenciar su producto (médico) del que se vendía de manera ilegal (recreativo), pero poco a poco se fue dejando de usar desde 1916 (la compañía farmacéutica dejó de producirla en 1913). Finalmente, en 1924 el Congreso de Estados Unidos prohibió la importación de opio crudo para fabricar heroína. Como sustituto de la heroína, las industrias concentraron sus esfuerzos en la producción de codeína. La cantidad de codeína utilizada para obtener un efecto medicinal similar debía ser entre dos y seis veces el peso de la heroína utilizada originalmente. Dado que hay poca diferencia entre las cantidades de heroína y codeína que se pueden extraer a partir de una determinada cantidad de opio, el volumen de opio que debía importarse a Estados Unidos tenía que ser mayor después de la promulgación de la ley. Aunque la producción legítima de heroína prácticamente cesó después de 1924, la demanda de la droga por parte de los adictos siguió siendo satisfecha por el contrabando.

La ciencia ha ido avanzando y hemos sido capaces de sintetizar moléculas que tienen una función similar a los opiáceos, pero con un efecto mucho más potente. Son los opioides sintéticos y pueden resultar muy útiles porque en ocasiones son necesarios, pero si normalmente la dosis hace el veneno, imagínate aquí, donde la dosis puede desencadenar una sobredosis y la muerte. Además, generan una alta capacidad de dependencia o, hablemos claro, adicción. La metadona, aunque se usa para tratar el dolor, sirve como terapia de mantenimiento, además de como fármaco para ayudar en la desintoxicación de personas dependientes de otros opioides y opiáceos. O el tramadol, otro analgésico potente.

Lamentablemente hay un opioide sintético que en la actualidad está ocupando espacio en los medios de comunicación, como ocurría con la heroína en su momento. Se le llama *droga zombi* y en Estados Unidos ha tenido efectos devastadores. En 2021 se registraron setenta mil muertes por sobredosis de esta droga. Hace tiempo llegó a España y a otros países. En 2021 Sanidad impuso un nuevo control sobre los opioides más potentes para frenar el incremento de adicciones.

El fentanilo fue sintetizado por primera vez por Paul Janssen en Bélgica en 1960 y aprobado para uso médico como analgésico intravenoso en Estados Unidos en 1968. Hoy en día forma parte de la Lista de Medicamentos Esenciales de la OMS. Cincuenta veces más potente que la heroína y cien veces más que la morfina, digamos que es el último cartucho cuando el dolor es muy intenso, o crónico, en personas a las que la morfina ya no les hace efecto. El fentanilo, para algunos, se ha convertido en un elixir que te duerme y te evade de los problemas y el dolor. Llegado este momento he de aclarar que la mayoría de las muertes relacionadas con el fentanilo se deben a un producto fabricado ilegalmente y no al farmacéutico, que lleva años usándose de forma segura en centros hospitalarios y se crea en laboratorios estrictamente regulados. El fentanilo farmacéutico se emplea por vía transdérmica (en forma de parches que liberan gradualmente el medicamento), sublingual, intravenosa y epidural, o en forma de aerosol nasal y comprimidos. El que ha llegado a las calles es el malo, el destructor. El fentanilo ilegal se toma en forma de píldora, líquido o polvo, no viene acompañado de dosis ni pautas y, además, suele estar adulterado con otros opioides y cocaína, sin que el propio consumidor lo sepa.

Si ves *El precio de la historia*, sabrás que Adam, uno de los hijos de Rick Harrison (al que va dirigida la famosa frase: «No lo sé, Rick, parece falso»), falleció en enero de 2024 a los treinta y nueve años. La causa fue sobredosis de fentanilo. También lo fue en el caso del cantante Prince, fallecido en 2016. Michael Jackson no, él usó propofol. Amy Winehouse optó por un método clásico, el alcohol, que, no lo olvidemos, también es una sustancia de abuso.

Se ha convertido en una pesadilla y para plasmar esta realidad, Netflix ha estrenado *Medicina letal*, una miniserie que aborda un tema alarmante y actual: la crisis de los opiáceos en Estados Unidos a través de los ojos de los responsables, las víctimas y una investigadora que busca la verdad. Si estás suscrito a Disney+, tienes la serie *Dopesick*, que aborda el mismo tema.

Todos los opioides y opiáceos son sustancias controladas, debido a sus altas posibilidades de uso indebido y dependencia, aunque algunos pueden conllevar más riesgo debido a su potencia. Cuando se usan bajo supervisión médica, los opioides y los opiáceos pueden ser una herramienta segura y eficaz para el control del dolor. A principios del siglo XX, las enciclopedias de los países occidentales todavía afirmaban que las personas con buena salud física y mental podían consumir opio sin riesgo de dependencia. El psiquiatra alemán Wilhelm Griesinger (1817-1868), uno de los fundadores de la psiquiatría moderna, recomendó el uso del opio en el tratamiento de la melancolía. Hoy sabemos que quizá no sea una buena idea.

Pero esto no siempre fue así... Durante la Edad Media, época en la cual todo lo que provenía de Oriente era considerado demoniaco, el opio fue prohibido en Europa. Sin embargo, el gran desarrollo de la navegación reintrodujo la droga a fines del siglo XV y comienzos del XVI. Se cree que los navegantes portugueses fueron los primeros en fumar opio en el siglo XV, y como cualquier droga, fumarla tiene efectos inmediatos, a diferencia de beberla o comerla.

En el siglo XIX tuvieron lugar dos conflictos bélicos que enfrentaron al Imperio chino contra las potencias occidentales, principalmente el Reino Unido, en lo que se conoció como las guerras del Opio. Entre 1839 y 1860, estas luchas marcaron un punto de inflexión en la historia de China, dejando una profunda huella de humillación y sometimiento. ¿Cuál fue el origen de todo esto? El Imperio británico importaba té de China a cambio de plata. Para tratar de evitar esta dependencia comercial inició el cultivo a gran escala en la India, y de ahí surgieron variedades como la *Darjeeling*, pero no había bastante producción para abastecer al Imperio. Así que se le ocurrió tratar de crear una dependencia en China con un producto que controlaban, el opio, que se producía en el actual Afganistán, una colonia británica en la época. El Imperio británico introdujo el opio indio en China, lo que creó una grave adicción en la población (y la aparición de fumaderos de opio) y decantó el balance comercial hacia los británicos. El gobierno chino, bajo el emperador Daoguang, intentó controlar el comercio del opio y reducir su impacto negativo en la sociedad. En 1839, el comisionado Lin Hse Tsu confiscó y destruyó una gran cantidad de esta sustancia, lo que desencadenó la primera guerra del Opio. Como resultado, las fuerzas británicas, con tecnología militar superior, derrotaron fácilmente a las tropas chinas y el Imperio se vio obligado a firmar en 1842 el Tratado de Nankín, por el cual China tuvo que ceder Hong Kong a Gran Bretaña, abrió cinco puertos al comercio extranjero y pagó una gran indemnización. Si todo esto no fue humillación suficiente para China, la cosa se complicó cuando decidieron secuestrar un barco británico. Francia se unió al Reino Unido en lo que fue la segunda guerra del Opio (1856-1860). Las tropas europeas saquearon e incendiaron el Palacio de Verano, símbolo del poder imperial chino, y tomaron Pekín. Una vez más, China tuvo que mirar hacia abajo y firmar el Tratado de Tianjin y la Convención de Pekín, por la que cedió la península de Kowloon a Gran Bretaña, abrió más puertos al comercio extranjero, permitió la libre circulación de misioneros cristianos y legalizó el comercio de opio, lo que marcó el inicio de una plaga de fumaderos de opio.

Las guerras del Opio tuvieron un impacto profundo en la historia de China y dejaron un legado de dolor y resentimiento que aún perdura en la actualidad. El recuerdo de este periodo histórico sigue siendo un tema importante en la política y la sociedad chinas y sirve como un recordatorio de los peligros del expansionismo y la intervención extranjera.

Y existe otro legado de la adormidera en la cultura popular. Desde tiempos inmemoriales, la adormidera se ha relacionado con la mitología. El dios griego Hipnos y su hijo Morfeo, de quienes ya te hablé; su madre Nix, diosa de la noche, y su hermano gemelo Tánatos, dios de la muerte, estaban representados envueltos en amapolas o sosteniéndolas. Dada la importancia de los opiáceos en farmacología, las amapolas, tanto la flor como el fruto, tenían que aparecer en el escudo del Royal College of Anaesthetists (Real Colegio de Anestesistas) del Reino Unido. Su emblema incorpora hojas de coca para simbolizar la anestesia local y cabezas de adormidera para representar el sueño. Las figuras a ambos lados del escudo son dos pioneros del campo de la anestesia, John Snow y Joseph Thomas Clover. Empecé este capítulo diciendo que, para mí, la adormidera había producido algunos de los fármacos que habían hecho más por la humanidad. Si tienes o has tenido alguien cercano que haya sufrido cáncer estarás de acuerdo conmigo. Busca en internet el escudo de este colegio y mira su lema: *Divinum sedare dolorem*, que significa 'Es divino aliviar el dolor'.

Nombre común	Adormidera, amapola real
Nombre científico	*Papaver somniferum*
Usos populares	Relajante, analgésico y antitusivo.
Usos confirmados por la ciencia	Relajante, analgésico y antitusivo.
Curiosidades	A pesar de que las amapolas que crecen en nuestra geografía tienen muchos menos opiáceos que las que se cultivan para este fin, existía la costumbre entre nuestras abuelas de consumir las flores secas de amapola en forma de tortilla para aliviar dolores de muelas o molestias menstruales de sus hijas y nietas. No sabemos si alguna se hizo adicta.

11.2

MIRRA, EL TERCER REGALO

En una escena del principio de la comedia de los Monty Python *La vida de Brian*, los Reyes Magos ofrecen a Brian, creyendo que es Jesús, regalos preciados y cargados de simbolismo: oro, incienso y mirra. Si recuerdas, la madre de Brian acepta ávidamente el oro y el incienso, pero rechaza la mirra. Curioso, porque en aquel momento la mirra tenía muchísimo más valor que el oro. El oro y el incienso, todo el mundo tiene claro lo que son, pero ¿alguien sabía qué era la mirra? Algo especial debía tener para hacerla llegar a un personaje tan importante en la historia y la religión. Yo, la primera vez que se lo pregunté a un botánico, me dijo que si no me estaba confundiendo con el mirto. Le dije que no, que era la mirra, la de los Reyes Magos... Insistía en que el mirto también se utilizaba en las iglesias, pero no, la mirra no es el mirto, y confirmo que es una planta desconocida, incluso para algunos botánicos. El mirto, *Myrtus communis* o arrayán tiene una relación con la religión más pedestre. Se solía extender por el suelo de las iglesias en los días importantes o en las grandes celebraciones. El motivo es que se juntaba mucha gente, y en épocas en que la higiene brillaba por su ausencia, pisar ramas de mirto desprendía un aroma que compensaba el olor a humano sin bañarse encerrado en un espacio sin ventilación. El botafumeiro o el incienso en las iglesias empezó a utilizarse por la misma causa. No tenía una intención divina, sino que en origen era para evitar efluvios humanos. El oro, el incienso y la mirra vienen en el pasaje de la adoración de los Reyes Magos, que encontramos en el Evangelio de san Mateo 2:11, donde concretamente dice: «Luego entraron en la casa, y vieron al niño con María, su madre, y arrodillándose le rindieron homenaje. Abrieron sus cofres y le ofrecieron oro, incienso y mirra». Como en otros muchos pasajes, los evangelios son parcos en descripciones, así que no viene explicado para qué diablos querría un bebé recién nacido oro, incienso y mirra. De hecho, ¿te suena algún pasaje de la Biblia que especifique que los Reyes Magos fueran tres?, ¿o sus nombres?, ¿o que hubiera dos blancos y uno negro? Realmente, se dice que fueron tres reyes porque hubo tres regalos y asociamos que cada uno aportó un obsequio y, además, cuadra con la simbología cristiana, porque el tres hace referencia a la Trinidad. Pero la realidad es que tampoco se dice en el Evangelio que fueran reyes. Magos sí, y probablemente lo de magos haga más referencia a astrólogos porque los guio una estrella (eso sí se dice). Lo de regalarles el título de reyes se lo debemos a Tertuliano, un padre de la Iglesia que en el siglo III interpretó que el Salmo 72 del Antiguo Testamento, «Que los reyes de Sabá y Arabia le traigan presentes, que le rindan homenaje todos los reyes», se refería al pasaje de la adoración del Evangelio de san Mateo, y para que todo coincidiera debían ser reyes, algo que por lo visto a san Mateo le pasó inadvertido. De hecho, en el *Auto de los Reyes Magos*, una pieza castellana del siglo XII, se les describe como magos, pero no reyes. Los nombres de Melchor, Gaspar y Baltasar aparecieron por primera vez en un mosaico del siglo VI que se encuentra en la basílica de San Apolinar el Nuevo, en la ciudad italiana de Rávena. Los tres (reyes) magos son blancos, y la única referencia a su origen oriental es que llevan un gorro frigio (como si fuera una barretina). La tradición de que un rey fuera negro se la debemos a la colonización portuguesa de África, cuando el color de piel negro se asociaba con alguien que venía del confín del mundo.

¡Ah!, por cierto, el pasaje evangélico de san Mateo no es la primera mención a la mirra en la Biblia. En el Éxodo 30:23, Dios le dice a Moisés que en el tabernáculo quiere mirra y canela con estas palabras: «Escoge tú mismo las mejores plantas aromáticas: unos 6 kilos de la mejor mirra, unos 3 kilos de canela y unos 3 kilos de caña aromática», y todos estos productos eran artículos de lujo en la Antigüedad.

Pero volvamos... ¿qué es la mirra y por qué se la regalan?

Commiphora myrrha es un arbusto grande o un árbol pequeño que no llama para nada la atención. Crece en hábitats áridos de Turquía, Egipto, la península arábiga, Somalia o Etiopía, entre otros. Por tanto, tiene un origen oriental, como los Reyes Magos..., aunque según el papa Benedicto XVI este trío venía de Tartesia (parte de lo que hoy es Andalucía). Está repleto de espinas, tiene unas hojas pequeñitas y unas flores que no son nada bonitas. Vamos, que si eres de los que les gusta abrazar árboles, este no es un buen candidato. La primera descripción científica de la mirra se la debemos a Christian Gottfried Daniel Nees von Esenbeck, publicada en su obra *Monographiae Phanerogamarum* en 1883. Obviamente esta planta era conocida desde la Antigüedad y la utilizaban muchas culturas.

Según la mitología griega, Mirra se enamoró de su padre Cíniras y quiso mantener relaciones íntimas con él. Para ello, cometió incesto engañándolo, pero cuando su padre descubrió la verdad, persiguió a su hija con una espada para matarla. Ella huye por Arabia durante largo tiempo, pero a los nueve meses, ya agotada, pide ayuda a los dioses, que se apiadan de ella y la convierten en un árbol. A Dafne por lo menos no la tuvieron nueve meses huyendo por el desierto. Una vez con forma de árbol, Mirra da a luz a Adonis. Se dice que la resina son las lágrimas de Mirra.

Mirra transformada en el árbol de la mirra da a luz a Adonis.

Y es que lo más valioso que tiene este árbol es, efectivamente, su resina, llamada también *mirra*. Muchas plantas, especialmente árboles, exudan una sustancia gomosa cuando sufren una herida o un corte en el tronco. Esta es la resina y no es otra cosa que (nuevamente) un mecanismo de defensa para taponar la incisión y evitar la entrada de patógenos. Con el tiempo, pierde su textura gomosa, se seca y endurece, y eso es realmente lo que llamamos mirra.

Lo que ocurre es que esta resina es muy, pero que muy especial. Tiene un aroma muy potente, con toques balsámicos y ahumados. Eso ha hecho que sea muy valorada como perfume desde la Antigüedad. En el antiguo Egipto, las mujeres de las clases altas utilizaban mirra como parte de sus perfumes. Estos eran un signo de distinción y clase social, para los cuales utilizaban delicados frascos hechos con vidrios decorados, alabastros, cristal de roca, etc. Además de untarse el cuerpo con ellos, los utilizaban para impregnar unos conos que colocaban sobre sus pelucas para perfumarlas. Parece que eso no ha cambiado en miles de años, porque hoy en día te adelanto que un perfume con una nota protagonista de mirra sigue siendo para las clases sociales más altas... ¡un dineral! Botecitos de 30-50 ml valen de 200 a 300 euros y son comercializados por marcas como Tom Ford, Bvlgari o Hermès.

En el Egipto de los faraones, en el papiro de Ebers (1500 a. C.) se menciona por sus propiedades antisépticas, cicatrizantes y anestésicas, así como por su uso para el embalsamiento de los muertos. Los cadáveres eran vaciados y se rellenaban de mirra y casia (¿te acuerdas de la canela de la que te hablé?) por dos motivos fundamentales: uno, evitar el olor a la putrefacción de la carne, y dos, ayudar en la conservación de esta. Mientras escribía este capítulo, casualmente mi madre estaba en una excursión de la escuela (está en la Universidad Sénior de Granada) visitando la ju-

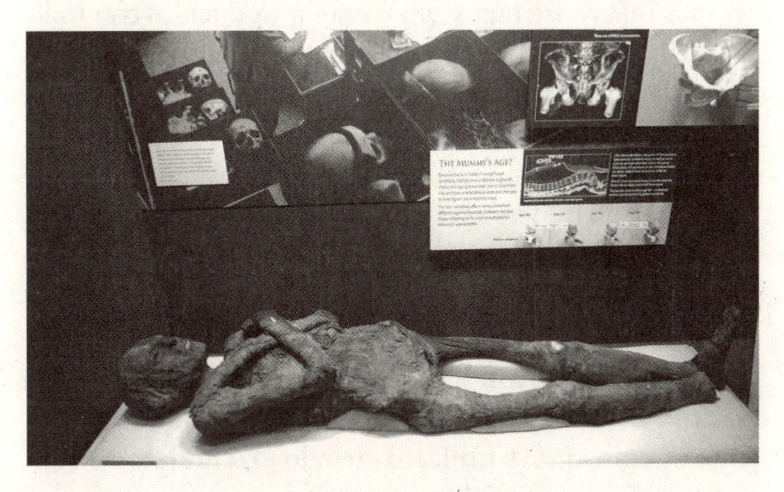

Momia egipcia embalsamada.

dería sefardí de Lucena, en Córdoba. Ella sabía que estaba escribiendo este capítulo y me llamó emocionada porque le contaron que en los rituales judíos se le cortaban las uñas al cuerpo y se ungía con mirra y aloe antes de envolverlo en un lienzo blanco. La mirra ha formado parte de rituales religiosos y funerarios de diferentes culturas desde la Antigüedad.

En este Imperio egipcio del siglo XV a. C. eran muy famosas las expediciones a la región de Punt. El árbol de la mirra ya viste que no crece en cualquier sitio, y la región de Punt podría ser lo que hoy ocuparía Etiopía, Eritrea, Somalia, Yemen..., zonas de donde se traían en barco las «maravillas del país de Punt»: todas las buenas maderas aromáticas de la tierra del dios (como lo llamaban), montones de resina de mirra, jóvenes árboles de mirra, ébano, marfil puro, oro verde de Amu, madera de cinamomo, madera-hesyt, incienso-ibemut, pintura de ojos, monos, babuinos, perros, pieles de pantera del sur, siervos y sus hijos. En el templo de la reina Hatshepsut está labrado el traslado del árbol de mirra. El procedimiento era seleccionar los árboles más jóvenes de esta especie y observar las raíces. Aquellos que tuvieran estos órganos más resistentes y sanos eran introducidos con todo el cepellón en canastos con un buen sustrato que les permitiera el largo viaje en barco hasta Egipto.

Está claro que era muy valorada y no solo como perfume, sino por sus propiedades analgésicas y anestésicas.

También Hipócrates (siglos IV y III a. C.) la menciona en numerosas ocasiones por sus propiedades médicas, y la mirra no solo es propia de la cultura occidental, ya que en la medicina tradicional india y china también se utilizaba con fines terapéuticos. Y hay cosas más curiosas: en un manuscrito persa antiguo se menciona su uso como estimulante uterino, que se utilizaba cuando una mujer había tenido un aborto incompleto.

¿Y funcionaba...?

Bueno, veamos la composición de esta sustancia. La mirra tiene un alto porcentaje de resina (30-60%) y de resina (25-40%) y un pequeño porcentaje, pero no por ello menos importante, de aceites esenciales (3-8%). Estos aceites esenciales también tienen su función biológica en las plantas, aunque a nosotros nos encante cómo huelen. De hecho, es lo que le da olor al tomillo, la lavanda, el romero, el limón... Son moléculas volátiles, es decir, que se transportan por el aire, y son usadas por las plantas con distintos fines; en el caso concreto de la mirra, como protección frente a insectos, herbívoros y microorganismos patógenos. A nosotros nos agrada esa fragancia, pero a ellos rotundamente no. De hecho, los repele. Acabo de contarte que la resina es para cubrir heridas y que no entre ningún bicho. Esos aceites esenciales tienen una composición compleja, con distintos tipos de moléculas: monoterpenos, sesquiterpenos y otros compuestos aromáticos. En las resinas encontramos diterpenoides, triterpenoides, esteroides y lignanos. Además, contienen ácido elágico, que en la actualidad se está estudiando, ya que se piensa que puede inhibir el desarrollo de determinados tipos de tumores, aunque esto lo ha descubierto la ciencia moderna y no hay ningún tratamiento tradicional que relacione su uso con el cáncer. Lo interesante es que la ciencia ha descubierto que el sesquiterpeno más abundante de los aceites esenciales, la furanoeudesma-1,3-diene, parece tener una interacción con los receptores opioides del cerebro, lo que podría explicar el uso (correcto) como analgésico desde la Antigüedad, debido a una afamada eficacia extendida de boca en boca y la técnica del ensayo y error. Sin embargo, como ocurre en la farmacopea, lo que es útil para un fin puede presentar un efecto desfavorable desconocido y aún no bien estudiado, por lo que su uso como componente analgésico o anestésico es limitado. El Comité de Medicamentos a base de Plantas (HMPC, del inglés Committee on Herbal Medicinal Products) de la Agencia Europea de Medicamentos (EMA) concluyó que, basándose en su uso prolongado, esta preparación de mirra puede usarse para el tratamiento de llagas e inflamación en la boca o para el tratamiento de heridas menores y pequeños forúnculos. La ESCOP y la EMA aceptan su uso tradicional para el tratamiento tópico de las inflamaciones leves de la mucosa oral (aftas, gingivitis, estomatitis), inflamaciones leves de la piel, heridas leves y abrasiones. La ESCOP aprueba además su uso como coadyuvante en faringitis y amigdalitis.

Es verdad que un estudio reciente señalaba que un extracto de mirra rico en este sesquiterpeno tenía una utilidad probada como anestésico.

Respecto a su uso como cicatrizante, pues parece que algo hay: «Las conclusiones del HMPC sobre el uso de estos medicamentos con mirra para el tratamiento de úlceras e inflamación bucales o heridas menores y forúnculos se basan en su uso tradicional». Entonces, aunque no hay pruebas suficientes de los ensayos clínicos, la eficacia de estas medicinas a base de hierbas es plausible y hay evidencias de que se han utilizado de esta manera de forma segura durante al menos treinta años (incluidos al menos quince años dentro de la UE). Además, el uso previsto no requiere supervisión médica.

Por lo tanto, hay algunas aplicaciones que tienen cierto efecto medible. La mirra se utiliza actualmente, sobre todo, en perfumería y cosmética, debido a sus cualidades aromáticas, pero apenas se usa en medicamentos. No obstante, sigue estando muy presente en muchos remedios tradicionales, sobre todo en zonas pobres donde el acceso a las medicinas de verdad es complicado.

Jesús se encontró con la mirra en su nacimiento y no fue casualidad que también lo hiciera en el camino hacia su crucifixión. Era costumbre entre los romanos ofrecer a los condenados a muerte beber vino con mirra para mitigar el dolor y el sufrimiento que estaban por venir: «... y le dieron vino mezclado con mirra, pero Jesús no lo aceptó» (Marcos 15:23).

Y volviendo al inicio de este capítulo, ¿qué significaban el oro, el incienso y la mirra como regalo para un recién nacido? Pues resulta que algunos estudiosos de las sagradas escrituras señalan que hay ocasiones en que algunos párrafos se reescribieron *a posteriori* para armonizarlos con otras partes de la Biblia y que todo cuadrara. Por ejemplo, la vida de Jesús con las profecías que aparecen en el Antiguo Testamento. Y dado que la doctrina cristiana se basa en la santísima Trinidad, es decir, Dios es uno y trino a la vez, y tiene una parte humana y una divina, y además es el rey de los cielos, pues los regalos hacen referencia a esta doctrina: el oro era un regalo para los reyes, y Jesús sería el rey de Israel y el rey de los judíos. El incienso era el aroma a la divinidad, una ofrenda a Dios (el humo va hacia arriba), y Jesús era Dios. Y finalmente, la mirra era para mostrar que, a pesar de ser rey y ser Dios, estaba hecho de carne y era mortal. La mirra serviría para ungir su cuerpo en su muerte, tal como se hacía en los ritos funerarios.

La ciencia moderna hoy nos permite hacer otra interpretación. Si dejamos de lado la connotación religiosa, el oro por su valor le viene bien a cualquier familia, el incienso perfuma el ambiente de manera efectiva (y más si tenemos en cuenta un establo), pero ¿y la mirra? En un estudio publicado en el año 2021 en la revista *Journal of Etnopharmacology*, se describe que en muchas zonas de Irán y Pakistán el extracto de mirra se utiliza por su efecto cicatrizante en forma de baños para mujeres que han dado a luz recientemente y han sufrido una episiotomía, esa incisión que se realiza para ampliar la abertura vaginal y facilitar el parto. El estudio realizó un ensayo con tres grupos de treinta mujeres cada uno y llegó a la conclusión de que el extracto de mirra puede llegar a ser efectivo como cicatrizante las primeras semanas después del parto. Quién sabe..., ¿y si el regalo de la mirra no iba dirigido al niño Jesús, sino a su madre María, que se encontraba convaleciente después del parto?

Estoy terminando de escribir esto con una amigdalitis de caballo, así que, antes de seguir, déjame que me tome una pausa para tomar un caramelo con extracto de mirra de una conocida marca de las farmacias. Para lo demás, no la necesito.

Nombre común	Mirra
Nombre científico	*Commiphora myrrha*
Usos populares	Anestésico, conservante, antiséptico, cosmético (perfume).
Usos confirmados por la ciencia	Antiinflamatorio, antioxidante, antimicrobiano, neuroprotector, antidiabético, anticancerígeno, analgésico, antiparasitario.
Curiosidades	La mirra es uno de los pocos ejemplos en que los efectos demostrados por la ciencia superan los usos tradicionales. Debido a su gran riqueza química, se han encontrado compuestos con las acciones farmacológicas descritas en este apartado. Recientemente se ha señalado que podría ser útil en el tratamiento de infecciones del tracto respiratorio, como el COVID-19.

11.3

PICA, LUEGO CURA

Llegados a este punto del libro, quiero decir vehementemente que lo que se diga a continuación ¡me importa un pimiento! y, por favor, ¡que nadie se ofenda!

Sí, así es, un humilde pimiento, tan omnipresente en cualquier cocina en sus diferentes formas, va a ser el protagonista de lo que te voy a contar.

Aunque hoy en día esta hortaliza se cultiva y utiliza en todo el mundo, su origen está en América hace tan solo 18 000 años. Y ha sido durante los últimos 6000 años cuando, mediante la domesticación, selección e hibridación, se ha dado lugar a los frutos que hoy conocemos.

Estamos ante un vegetal que destaca por ser una importante fuente de vitamina C (más del triple de lo que tiene una naranja), vitamina B6 y vitamina A, además de otros minerales. Se puede consumir crudo o cocinado, por lo que es muy versátil, bien sea en salsas, ensaladas, asados, como riquísimo condimento (a mi madre le encanta morder un chile de árbol en la comida) o en salteado, de las cosas más saludables que tiene nuestra dieta mediterránea. Por cierto, mi salteado lleva jitomate, cebolla, pimiento y ajo en un buen aceite de oliva extra virgen (el famoso AOEV). ¿Y el tuyo?

Hay muchas variedades y denominaciones. Tenemos chiles, ajíes, chile de árbol (como pimientos picantes) o simplemente pimientos, en su variedad dulce, con diversos apellidos según el tipo (morrón, ñora, piquillo, americano...), y también, en su forma en polvo, la paprika (dulce, agridulce y picante). Toda esa variedad responde a un mismo género botánico, *Capsicum*, en referencia a una molécula presente en mayor o menor grado en las diferentes variedades, la capsaicina, que es la responsable de su sabor y, sobre todo, de su picor.

La capsaicina es irritante para muchos mamíferos, incluidos nosotros, y, por tanto, al igual que otras moléculas interesantes de los vegetales, un arma disuasoria usada por la planta de forma pasiva para defenderse frente a los daños que le suponen los depredadores y los hongos que pudieran infectarla.

Como no podía ser de otra manera, los humanos, inspirados por lo que observamos y experimentamos, un día dijimos: «Pues si ellas lo hacen, nosotros también», y utilizamos la capsaicina para defendernos de un potencial agresor. Te sonará el espray de pimienta, un nombre un tanto

Espray pimienta usado como método de defensa
por su capacidad neutralizadora.

engañoso, puesto que nada tiene que ver con la pimienta. Esta arma de defensa personal no lleva el componente irritante de la pimienta, la piperina, sino el del pimiento, la capsaicina.

El hecho de que el pimiento y la pimienta sean dos cosas distintas, una hortaliza y una semilla, de plantas diferentes, pero que nos confundan al llamarse casi igual en español (no así en inglés) se lo tenemos que recriminar a Colón. El navegante, en su búsqueda de rutas alternativas de las especias, se topó con América. En el Nuevo Mundo no encontraron pimienta, pero probaron los ajíes o chiles y los bautizaron con un sistema frecuente basado en «es algo que se parece a». De hecho, Colón dijo que eran «una especie de pimienta en vaina». Encontró en ellos un sabor picante, aunque más intenso que el de la pimienta de origen asiático, así que pensó que se trataba de alguna variedad diferente más fuerte a la que llamó *pimiento* por su sabor, o más bien por su carácter picante. Años después, fue Sebastián de Covarrubias quien explicó que el pimiento era una «mata que echa cierta fruta colorada y esta quema como la pimienta».

Así que Colón vino con toda su ilusión a España, y se apareció en el monasterio de Guadalupe en Extremadura para dar gracias a Dios por el exitoso viaje, y todo orgulloso de su nueva «pimienta». Desde allí se extendió a otros monasterios, como el de Yuste, en la zona de La Vera. Pese a la equivocación, creo que fue un acierto traer los chiles precursores de nuestros pimientos y pimentones actuales, tan presentes en las cocinas.

Entre la capsaicina del pimiento y la piperina de la pimienta hay diferencias no solo en cuanto a su origen, a pesar de que nosotros percibimos irritación o incluso dolor con ambas. La primera proporciona una sensación mucho más irritante y picante que la pimienta, ya que tiene un comportamiento neurotóxico en contacto con los tejidos y estimula el receptor térmico en la piel, sobre todo en las mucosas. Por eso asociamos gráficamente ese picor con el fuego. Nos «arde la boca».

Hay a quien esa sensación le da dolencias. En 1912, el farmacéutico de Parke-Davis (la empresa que te conté que creó la figura de la señora Hutton como estrategia de marketing para vender digital) Wilbur Lincoln Scoville desarrolló la prueba organoléptica Scoville. Esa prueba, ahora estandarizada como escala de Scoville, permite medir esa sensación de calor en número de unidades Scoville (SHU, del inglés Scoville Heat Unit), en función del grado de picor que presentan los chiles o pimientos. La capsaicina pura estaría en el mismísimo infierno, digo..., en la cima, con 16 millones de unidades, mientras que un pimiento verde no picante se asocia con 0 unidades. Muy arriba tenemos el pimiento Carolina Reaper o el Dragon's Breath (claro que, si se llama 'aliento del dragón', ya te da una pista), que se mueven en el orden de 1.5 a 2.5 millones de SHU. Otros como el chile habanero tendrían 300000 unidades, y la cayena y el pimiento de Padrón (el que pique) estarían en 30 000 y 2 500 a 5 000 SHU, respectivamente. A su lado, la pimienta sería una cosita de nada, con un equivalente de 100 a 1 000 SHU.

Por cierto, en Sierra Nevada (Granada), un emprendedor lleva tiempo cultivando precisamente el potentísimo Carolina Reaper antes mencionado, así que esto da cuenta de que se trata de un cultivo que se ha extendido fácilmente por el mundo... si ha llegado hasta mi tierra.

Es momento de recordar un refrán español: «Picante en la comida, pólvora servida», que viene a aconsejarnos sobre el uso y abuso de esos sabores fuertes y el peligro que pueden suponer, como lo sería manejar explosivos. Y es que tradicionalmente nos han dicho que el picante es malo para la salud. ¿Esto es verdad?

Pues sí y no, como los pimientos de Padrón, que unos pican y otros no. Por cierto, su denominación de origen protegida, hoy en día, es *pimiento de Herbón*, así que nos podemos sentir tranquilos, que no se pierde la rima. El grado de picor depende de la dosis, como tantas otras cosas (concentración de capsaicina y cantidad consumida), y de la sensibilidad de cada individuo. No es raro ver personas en competencias de quién aguanta el chile más picante que luego acaban en urgencias con cuadros de síntomas parecidos a un *shock* cardiaco o anafiláctico, náuseas, diarrea, sudoración excesiva, enrojecimiento de cara y cuello, lagrimeo imparable, moqueo en la nariz, dolor de cabeza... y un calor abrasador interior producido por la vasodilatación generada. De verdad, a veces no entiendo cómo seguimos existiendo como especie.

Si te pasa como a mí, que tienes el umbral de tolerancia un poco sensible, es preferible que no bebas agua para apagar ese fuego. Lo más eficaz es beber o comer lácteos (y mejor enteros, que no sean deslactosados), porque la caseína ayuda a que la capsaicina no haga su efecto. Igualmente servirían alimentos grasos (aceite de oliva, aguacate o frutos secos) y cítricos. Lo descubrí un día hace mucho tiempo, mientras estaba haciendo mi tesis doctoral, cuando vi en el refrigerador del comedor donde nos juntábamos los estudiantes un tetrapak de leche con un *post-it* que ponía: «Lo siento. Tuve que beber un poco por un problema con el picante». Y eso me hizo buscar la relación.

Pero siempre que la dosis no sea excesiva, los efectos son mayoritariamente beneficiosos.

La capsaicina, que sobre todo se encuentra en las semillas del pimiento, fue descubierta y descrita en 1816 por Christian Friedrich Bucholz, un químico farmacéutico alemán. Poco más de medio siglo después, ya se le encontraron propiedades farmacológicas digestivas como estimulante de la producción de jugo gástrico y como analgésico tópico en Europa. Resulta que el uso como remedio medicinal que se le dio originalmente hoy en día tiene ciertas evidencias científicas. Y a estas alturas del libro ya sabes que no siempre ha sido así. Por tanto, parece que altas concentraciones de capsaicina por vía tópica (cremas, geles, líquidos, lociones y parches transdérmicos) pueden ayudar en el tratamiento del dolor neuropático crónico en adultos.

Aliviaría también las molestias leves de tipo muscular y articular causadas por la artritis y el malestar en la espalda o por esguinces, mediante la reducción de la actividad de las células nerviosas que están relacionas con el dolor y una disminución progresiva de la respuesta inflamatoria.

Vamos a hacer un ejercicio de memoria al más puro estilo *Yo fui a EGB*. ¡Qué quieres que te diga, a mí también me pega esa nostalgia! Si rondas los cincuenta años, nos vamos a retrotraer a nuestra infancia, nuestra casa y nuestro botiquín. Es muy probable que recuerdes, junto al algodón, el alcohol, el agua oxigenada y la mercromina, un frasco de cristal con forma de pequeña botella con un señor del siglo pasado (o de hace dos) con un gran bigote. Popularmente se conocía como *el tipo del bigote* y yo crecí con aquel hombre en mi baño. Debo reconocer que su olor me encantaba, aunque ahora no sabría describírtelo..., se parecía mucho al Reflex, ese espray para dolores musculares que también ha sido un clásico. Posiblemente porque servía para lo mismo. Aquel *tipo del bigote* se llamaba de verdad linimento de Sloan (espérate, que me enteré de esto mientras te lo estoy contando porque para mí será toda la vida *el tipo del bigote*). Llegó a publicitarse como «bueno para el hombre y la bestia», je, je, je, je, pero qué brutos éramos. En España se comercializó sin necesidad de prescripción médica y era un producto que no cubría la Seguridad Social, a un precio de 425 pesetas, unos 2.5 euros. Pues como ya te había adelantado, aplicándolo con fricciones (vamos, masajeando), servía para calambres musculares, lumbago, ciática, contusiones, tortícolis, torceduras... Más de una vez lo usé cuando me torcía el pie en mi época de bailarina.

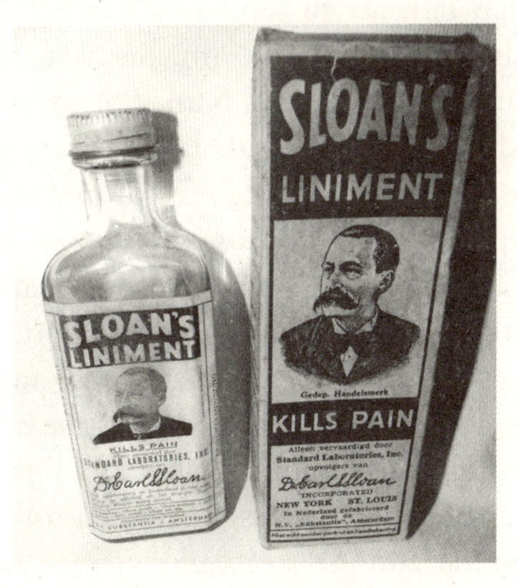

Linimento de Sloan, conocido como «el tipo del bigote».

¿Funcionaba? Pues sí, y ¿sabes por qué? Entre aceites esenciales de pino, alcanfor, sasafrás y trementina, destacaba su principio activo: capsaicina.

El tipo del bigote tenía nombre y era Andrew Sloan, un inmigrante irlandés que se asentó a mediados del siglo XIX en la pequeña localidad estadounidense de Zanesfield (Ohio). Su habilidad con los caballos le permitió abrir una tienda de fabricación de arneses. Andrew tenía la costumbre de frotar a los caballos con un ungüento de olor fuerte de cosecha propia, que ayudaba a aliviar la rigidez de los animales después de un día duro en el campo. Sus hijos, y especialmente Earl Sloan, aprendieron el oficio y alcanzaron la fama, no con los arneses sino con el ungüento de su padre, cuya efectividad había sido palpable también en personas. Y de ahí a ser mundialmente famoso solo hay un pequeño paso: marketing que incorporaba su imagen, el tratamiento de *doctor* y su firma y, por otro lado, un público objetivo clarísimo, que eran las amas de casa. Dicen que si quieres vender algo, lo dirijas a una mujer.

Earl Sloan falleció en septiembre de 1923, diez años después de haber vendido su compañía al creador de Listerine por 1 millón de dólares. Nunca olvidaré a su padre.

Siguiendo con los efectos de la capsaicina, en modelos animales se observan posibles efectos positivos frente al alzhéimer y, en estudios hechos con humanos, indicios de resultados favorables como terapia coadyuvante frente a la obesidad, en este caso porque promueve un mayor gasto energético y mayor oxidación de grasas, aunque ciertamente con unos logros modestos. Incluso se ha visto cierto potencial en terapias combinadas para mejorar las propiedades anticancerígenas, especialmente en tumores de pulmón y próstata; aunque se requieren más estudios para identificar análogos de capsaicina con mayores efectos anticancerígenos de acción prolongada.

Después de leer esto, no te frotes el cuerpo con ñoras o te atiborres de bocadillos de lomo con pimientos asados..., que no va por ahí la cosa. Las moléculas de las plantas, en caso de ser beneficiosas, han de ser estandarizadas con las dosis adecuadas y la forma de administración que las provea de viabilidad y seguridad.

Una parada para la reflexión: como otras veces he dicho, los científicos debemos ser prudentes con los resultados y, como dice el refranero español, «nunca prometer lo que no puedas dar ni hacer». Dicho esto, ¿no es fascinante que, con muy pocos medios, hace ya dos siglos, los químicos y farmacéuticos encontraran usos medicinales que hoy vamos descubriendo y confirmando incipientemente mediante el método científico? Una muestra es la analgesia del alcaloide del pimiento. Se requieren más estudios y evidencias, pero ciertamente es ilusionante observar la audacia de los científicos pioneros, aprender de ellos y hacerles honor. Y ya le paro, que me emociono.

A pesar de que, a partir del siglo XV y sobre todo el XVI, el pimiento fue una novedad en Europa y, por tanto, podía aportar un punto de exotismo, los pintores de bodegones, típicos del siglo XVII, lo desdeñaron y no elegían este vegetal en sus cuadros. En su búsqueda del virtuosismo encontraban más desafiantes otras frutas y verduras cuyas texturas y matices de colores encajaran mejor con sus pretensiones. Vaya..., que *les importaba un pimiento* esta hortaliza (de ahí la etimología de la expresión). Sirva como humilde desagravio esta mención en el libro por todo el bien que nos ha proporcionado enriqueciendo nuestras comidas y mejorando nuestra salud... con el tipo del bigote.

Nombre común	Pimiento, chile, ají
Nombre científico	*Capsicum annuum*
Usos populares	Conservante, antiséptico.
Usos confirmados por la ciencia	Antagonista del canal TRPV1. Anestésico.
Curiosidades	De todos los alimentos que vinieron de América, el pimiento es el que más impacto tuvo en la cocina mundial. Actualmente no hay gastronomía regional en ninguna parte del mundo que no utilice alguna de las formas de pimiento para darle picor a sus platillos.

11.4

CANNABIS SATIVA, ¿ÁNGEL O DEMONIO?

Si una planta le puede hacer competencia a la amapola por contener una farmacia en su interior es *Cannabis sativa* o su prima *Cannabis indica*, también conocida como *cáñamo* o *marihuana*. Esta planta es original de la India, de la cordillera del Himalaya, y es dioica, es decir, hay individuos (pie de planta) masculinos y otros femeninos, por lo que su reproducción depende de los dos. Esto también ocurre en otras especies como el kiwi o el pistache y, aunque su reproducción es más compleja (porque tiene que haber una pareja del sexo contra-

Planta de marihuana (*Cannabis sativa*).

rio), evolutivamente son más avanzadas porque su variabilidad genética es mayor (no se autopoliniza como otras especies).

Desde la Antigüedad ha sido una planta con mucho interés, dado que a partir de ella se obtenía una fibra textil, el cáñamo, con la que se podían elaborar zapatos, cuerdas, sacos o incluso tejidos útiles para la agricultura. Hay evidencias que demuestran que su domesticación se remonta hasta hace 12000 años... Ya en el Neolítico le veían ventajas. Sus semillas, los cañamones, son comestibles porque no poseen cannabinoides, y son un alimento muy típico para los pájaros, aunque es muy frecuente utilizarlos en diferentes preparaciones, y el aceite que se extrae de estas semillas también tiene muchas utilidades. Y sí, es una planta conocida porque también se fuma y es una de las drogas más populares, que últimamente ha salido en las noticias por su legalización en Alemania para consumo recreativo, después de haber sido autorizada parcialmente, ya sea para uso medicinal o lúdico, en diferentes países o territorios del mundo.

Para empezar, habría que precisar algo de la nomenclatura. A pesar de referirnos a la misma planta, *Cannabis sativa*, es decir, 'cannabis cultivada' (eso quiere decir *sativa*), le solemos llamar *cáñamo* a las que se utilizan para la obtención de fibras y *marihuana* o *cannabis* a las que se destinan para fumar, que son variedades con una mayor concentración de moléculas psicoactivas. De esta última se pueden fumar dos productos: las partes secas, preferentemente inflorescencias (conocidas como *cogollos*), a lo que se le llama *marihuana*, y lo que conocemos como *hachís*, que es una pasta de resina que se extrae a partir de hojas e inflorescencias. El hachís puede ser consumido de diferentes maneras: fumado o vaporizado, lo que lo hace más versátil que la marihuana. Ambos productos también hay quien los utiliza en cocina... y luego hay accidentes y portadas de noticias.

El nombre de *hachís* va vinculado a la leyenda del Viejo de la Montaña. Según algunas fuentes, la palabra *asesino* viene del árabe *hassasin* o *hashshashin*, que significa 'fumador de hashís'. El origen de esta leyenda se remonta a la Edad Media. Entre el siglo XI y XIII existió una secta de musulmanes ismaelitas nizaríes fundada por Hasan ibn Sabbah, que traducido vendría a ser 'el Viejo de la Montaña'. Al ser de credo chiita, esta secta era tan enemiga de los cruzados cristianos como de los musulmanes suníes. Aunque eran muy pocos, lograron sembrar el terror en el enemigo al especializarse en la guerra asimétrica, antecedente del actual terrorismo. Sus soldados se dedicaban a cometer asesinatos o atentados específicos contra los líderes de sus enemigos, y de esta forma sembraban el terror. Esta secta tenía su sede en la fortaleza de Alamut ('el Nido del Águila'), situada en la cima de una montaña cerca de Qazvín, en el actual Irán. Para conseguir que sus adeptos fueran fieles, impartía unos cursos de formación un poco peculiares. Secuestraba a niños y jóvenes que eran drogados con hachís. Cuando despertaban, se encontraban en los jardines de la fortaleza rodeados de todo tipo de lujos y placeres terrenales. Después de un tiempo en este edén, eran devueltos a sus celdas. Y claro, a lo bueno se acostumbra uno muy rápido. Les decían que habían visitado el paraíso y que si querían volver a él tendrían que luchar y morir por su fe, y así volverían después de muertos donde los esperarían las consabidas cuarenta huríes. Con una promesa así, ¡quién no lo haría! Se convertían en fanáticos guerreros, ya que ansiaban volver, y aquello no era más que un decorado camuflado por el humo de la marihuana que había creado el Viejo de la Montaña. El videojuego *Assassin's Creed* basa su trama argumental en esta historia. Si es leyenda o realidad está por saber.

La fortaleza de Alamut fue conquistada en 1256 y allí se perdió la mayor parte de la documentación sobre la secta. La información que tenemos sobre los *hassasin* viene principal-

Personaje del videojuego *Assassin's Creed.*

mente de sus enemigos (cristianos y musulmanes sunitas), por lo que es normal que el relato exagere su crueldad y poder. El propio término *hassasin* no fue utilizado por ellos, sino que es una denominación que le dieron sus enemigos árabes, y parece que en origen era un término muy peyorativo que se traduciría por 'enemigo' o 'gente de mala reputación', sin ninguna relación con las drogas. La identificación con el hachís parece ser posterior. Uno de los primeros que trajo este mito a Occidente fue Marco Polo, muy dado a exagerar y más si tenemos en cuenta que el viajero veneciano visitó Alamut en 1273. Si diecisiete años después de su destrucción vio a alguien fumando hachís, no tenía nada que ver con la secta de los asesinos, porque ya los habían matado a todos.

El principal compuesto psicoactivo (los que producen alteraciones a nivel cognitivo) del cannabis es el THC, abreviatura de tetrahidrocannabinol, que interacciona con los receptores cannabinoides de las neuronas del sistema nervioso central y provoca los efectos conocidos de su consumo, como euforia, relajación, somnolencia, alteración de la percepción, de la coordinación y del sentido del espacio y tiempo, o la típica risa tonta de los fumados. Dado que el hachís contiene una mayor concentración de THC que la marihuana (más del triple), su efecto es más potente y duradero. ¿A ti te parece que esto cuadra con la historia de los asesinos implacables? Si alguien conoce a un fumador de hachís, se dará cuenta de que no es el prototipo de un asesino despiadado. Ninguno de los efectos parece aconsejable para alguien que quiere convertirse en una máquina de matar. Utilizar sicarios fumadores no suele ser una buena estrategia para conseguir tus objetivos, salvo que quieras organizar un concierto de *reggae*.

Y relacionado con esto tenemos un problema. Fíjate que al hachís y la marihuana se les sigue denominando *drogas blandas*. Esta afirmación es muy equívoca, porque parece que sea algo inocuo o no muy grave. Es cierto que el cannabis es mucho menos adictivo que los opioides, porque no actúa directamente sobre el sitio de recompensa del cerebro, pero eso no quiere decir que su uso no entrañe riesgos. El consumo en altas dosis o en cantidades pequeñas durante periodos prolongados tampoco es algo baladí. Hasta el año 2010 no había casos registrados de sobredosis de marihuana, pero sus efectos adversos son de sobra conocidos: alucinaciones, delirios, deterioro de la memoria, desorientación. Es especialmente peligrosa para pacientes con problemas psiquiátricos, ya que puede inducir brotes psicóticos, y es tremendamente perjudicial para alguien que sufra esquizofrenia, pudiendo producir ataques de pánico o ansiedad y taquicardias. Y otro problema que no se suele tener en cuenta es que la forma de consumo suele ser fumada. El humo del cannabis fumado, igual que el del tabaco, es cancerígeno. Por lo tanto, a los efectos del cannabis que te acabo de mencionar tendríamos que sumarle los peligros de fumar, o incluso estos mismos agravados. Me explico. Debido al modo en que generalmente se aspira (inhalación profunda con retención más larga), fumar marihuana podría producir una deposición de alquitrán cuatro veces superior a la de los cigarrillos. También conviene reseñar que muchas propiedades terapéuticas del cannabis no son aplicables si se fuma, pero sí al vaporizarlo en agua, en pomada o en solución alcohólica que se aplique en la piel.

Sin embargo, el cannabis tiene otros componentes, entre ellos el cannabidiol (CBD), que es una molécula que se ha relacionado con algunas propiedades terapéuticas. Estas moléculas se producen y acumulan en grandes cantidades en unas pequeñas glándulas llamadas *tricomas*, que están presentes en toda la parte aérea de la planta, pero que abundan en los cogollos. Los tricomas son prolongaciones de la epidermis, como pelillos, que pueden tener diferentes funciones y apariencia. Los filamentos de una planta carnívora que llevan una sustancia pegajosa para atrapar a la presa o la pelusilla de los cactus sin espinas son tricomas. En el caso del cannabis, se encargan de producir dos moléculas que se parecen a otras dos producidas por nuestro organismo: anandamida y 2-araquidonilglicerol, que tienen unos receptores específicos de algunas neuronas y participan en una amplia variedad de procesos fisiológicos (como la modulación de la liberación de neurotransmisores, la regulación de la percepción del dolor, de las funciones cardiovasculares, gastrointestinales y del hígado). Hasta el momento se conocen dos receptores: CB1, distribuido ampliamente en el cuerpo humano pero que abunda en el cerebro y algunos órganos, y CB2, asociado principalmente al sistema inmunitario. Dado que hay diferencias genéticas entre individuos, es muy probable que haya gente más susceptible que otra a los efectos del cannabis, como pasa con la cafeína.

Entre las propiedades medicinales del CBD o de moléculas similares destaca el efecto analgésico, antiinflamatorio, estimulante óseo, antiemético (evita vómitos y náuseas), antiepiléptico, inmunosupresor y neuroprotector. Actualmente ya hay varios fármacos autorizados derivados del cannabis con indicaciones para aumentar el apetito en pacientes con sida y cáncer, para evitar las náuseas derivadas de la quimioterapia o como analgésico en personas con esclerosis múltiple. También hay evidencia (aunque no hay medicamentos autorizados todavía) de que podría ser útil para el tratamiento preventivo del glaucoma, porque palia la presión intraocular alta. Pero también te digo una cosa: sería muy raro, rarísimo, que una enfermedad se curara con cannabis. Muchas de las enfermedades tratables son crónicas y no tienen cura, así que su prescripción tiene que ver más con el manejo de los síntomas, es decir, evitar dolor, vómitos, etc., como cuando tienes un resfriado y tomas un descongestionante nasal.

Esta ha sido la fórmula oficial que se ha utilizado en diferentes países para legalizar su consumo: que tuviera fines medicinales. Se supone que la gente que sufre enfermedades crónicas tiene derecho a utilizarla para tratarse sus síntomas. A mí esto me resulta tan raro como la historia de los asesinos fumados. Ya hemos visto en este libro que muchos fármacos se obtienen de las plantas, pero nadie pide plantar amapolas o sauces para poder sintetizar sus propios fármacos. Un poco extraño que se pida poder cultivar una planta medicinal, que también tiene un uso recreativo. ¿Por qué hay clubes de consumo de marihuana medicinal y no hay clubes de cultivadores de sauce?

Y aquí viene un divertido giro de guion. Los laboratorios farmacéuticos están investigando mucho sobre el uso de la marihuana medicinal. Hacer una catalogación de las variedades de marihuana existentes es casi misión imposible, dado que, al ser su cultivo clandestino, gran parte de las variedades se han generado sin registros y se desconoce su existencia... hasta que las hueles. Así que, dentro de la agrodiversidad del cannabis, pueden existir variedades que acumulen más de un tipo de molécula que de otra, o incluso que tengan efectos terapéuticos que otras variedades no tengan. Un campo activo de estudio es tratar de diseñar plantas que acumulen mucho CBD y otras moléculas con efectos terapéuticos, pero que no tengan THC, y por lo tanto tendríamos marihuana que si la fumaras vendría a ser como una hoja de tomatera, pero tendrías un laboratorio farmacéutico como para aislar moléculas útiles para muchos pacientes. Si finalmente se consiguieran eliminar los efectos psicoactivos de la planta del cannabis, ¿alguien estaría interesado en cultivar su propia marihuana medicinal?

Nombre común	Cáñamo, marihuana
Nombre científico	*Cannabis sativa*
Usos populares	Droga recreativa, analgésico, obtención de fibra textil, alimento de aves.
Usos confirmados por la ciencia	Analgésico, antiespasmódico, emético, cicatrizante.
Curiosidades	La industria de la marihuana mueve millones de euros cada año en negocios legales, ilegales o alegales. La posibilidad de que otros países sigan el ejemplo de Alemania en Europa ha hecho que muchas empresas de semillas se interesen por esta planta, en paralelo al negocio ilegal. Puedo contar que una vez una empresa contrató a una antigua alumna de nuestro máster porque quería desarrollar una nueva variedad de marihuana con una forma de hoja y un color diferentes. Así no podría ser reconocida como tal por los helicópteros de la Guardia Civil. El proyecto nunca llegó a realizarse.

11.5

LA ASPIRINA DE TODA LA VIDA

En este libro hemos visto numerosas veces que el conocimiento popular no es infalible. Hay veces que lo que se supone que es un remedio tradicional cambia de una cultura a otra, y así la misma planta tiene diferentes aplicaciones. En algunos casos, sus atribuciones son ciertas y en muchos otros, erróneas o, lo que también es frecuente, el efecto es positivo, pero también tiene consecuencias indeseables, de forma que los riesgos no compensan los beneficios. Sin embargo, en otras ocasiones el saber tradicional hace observaciones acertadas, a veces desde culturas muy antiguas. Estos conocimientos se han mantenido, y con la llegada de la Revolución industrial acabaron convirtiéndose en medicamentos cotidianos, como es el caso del sauce, del ácido salicílico y de su derivado, el ácido acetilsalicílico, conocido popularmente por la marca comercial de Bayer, *aspirina*, aunque sea el componente principal de muchos otros medicamentos.

Las infusiones de corteza de sauce y de otras plantas ricas en ácido salicílico como el mirto se encuentran mencionadas en una tabla de piedra sumeria del 2000 a. C., pero no se ha conservado cuál era la utilidad que les daban. En el papiro de Ebers, escrito quinientos años después, aparece reseñada por primera vez su función como analgésico, antipirético (evita la fiebre) y antiinflamatorio. Y las tres cualidades son ciertas y por eso fueron pasando de cultura en cultura. De hecho, se ha aludido a ellas en todos los libros médicos que se han conservado de la Antigüedad clásica, como los tratados de Hipócrates y las obras de Celso, Plinio el Viejo y Dioscórides. Los árabes también conocían estos escritos, por lo que el uso de la corteza del sauce o de los extractos de plantas ricas en salicilatos se extendió también por Asia.

En 1763 el reverendo inglés Edward Stone envió un comunicado a la Royal Society en el que explicaba que el *ague*, una enfermedad de la época que incluía dolor, fatiga y fiebre intermitente y que se relacionaba con gente que vivía en la cercanía de zonas húmedas (lo más probable es que fuera malaria), mejoraba notablemente con las infusiones de corteza de sauce. Pero Stone cometió un error en su informe. Había estado probando extractos de esta planta durante cinco años, comparándolos con otro remedio vegetal que se utilizaba para el *ague*, el extracto de la corteza de un árbol llamado *quina* (*Cinchona officinalis*). Según él, ambos eran efectivos, pero el extracto de salicílico daba mejores resultados. Lo que estaba ocurriendo es que ambos tenían efecto, pero por diferentes motivos. La malaria se produce por un parásito que infecta los glóbulos rojos, de ahí la sensación de cansancio que produce, ya que llega menos oxígeno a los tejidos. La quinina, un alcaloide producido en este árbol, actúa directamente sobre la causa del problema, atacando al parásito, mientras que el salicílico lo que hace es aliviar los síntomas. Stone creó un problema, porque esta carta fue publicada en la revista científica más antigua que existe, *Philosophical Transactions of the Royal Society*, y propició que mucha gente dejara de utilizar la quina y se pasara al sauce, cuando lo mejor hubiera sido utilizar las dos.

En el siglo XIX, con el desarrollo de la química orgánica, hubo una carrera por aislar compuestos a partir de plantas para ver cuál era responsable de su actividad. El químico alemán Buchner en 1828 fue el primero en conseguir de la corteza de sauce cristales de salicilina, que era un compuesto amargo y amarillento obtenido a partir de la mezcla de varias moléculas. Diez años después, en 1838, el químico italiano Raffaele Piria logró separar la salicina en azúcar y en un componente aromático llamado *saligenina*, precursor de los cristales incoloros a los que llamó *ácido salicílico*. Poco después, el alemán Carl Jacob Löwig obtuvo a partir del extracto de *Spiraea* (unos arbustos de la familia de la rosa, el más famoso de los cuales, *Spiraea prunifolia*, se conoce como *corona de novia* por sus flores blancas) unos cristales con una composición idéntica a los del químico italiano. Parecía que el ácido salicílico estaba en casi cualquier planta en la que se buscara. De esta forma, en el siglo XIX tomar infusiones de plantas o extractos concentrados, ya fuera en forma de salicilina o de ácido salicílico, se convirtió en un remedio popular. Lo malo es que los concentrados, que se demostraron muy efectivos para bajar fiebres y calmar dolores, tenían unos desagradables efectos secundarios; el peor de ellos era la irritación de estómago. Eso hizo que hubiera que buscar alternativas, o al menos la forma de tratar de minimizar esos efectos indeseados.

A finales del siglo XIX toda la potente industria química alemana estaba enfocada en buscar moléculas útiles a partir del alquitrán de hulla, que era un subproducto de la minería del carbón. Las anilinas son unos colorantes que se habían encontrado poco tiempo antes y que habían revolucionado la industria textil, y esto fue el origen de algunas marcas bien conocidas en la actualidad. ¿Te suena BASF? Seguro que si viviste en los ochenta llevaste en el *walkman* alguna cinta de casete de BASF, ¿o eras de TDK?

Pues BASF (por cierto, pronunciado be, a, ese, efe, si dices *basf* se enojan mucho, lo sé) son las siglas de *Badische Anilin- und Sodafabrik*, es decir, 'fábrica de anilinas y refresco de Baden'. En Basilea, la capital mundial de la industria farmacéutica, la empresa química Ciba (Chemische Industrie Basel) también empezó fabricando colorantes, luego pasó a ser Ciba-Geigy y hoy forma parte del gigante Novartis. Pues en el momento en que se estaban plantando las semillas de esta potente industria (que ha llegado hasta nuestros días), se descubrió que la acetanilida, un compuesto intermedio de la síntesis de anilinas, tenía propiedades antipiréticas. La empresa Kalle & Company empezó a comercializarla con el nombre de antifebrina.

Esta molécula llamó la atención de Carl Duisberg, jefe de investigación de una pequeña empresa de tintes llamada Friedrich Bayer & Company, que pensó que a partir de los derivados de la hulla se podrían obtener otras moléculas con propiedades farmacológicas, y así fue como se aislaron sedantes como el sulfonal o el trional. Después de estos éxitos iniciales vieron el potencial del ácido salicílico, pero querían buscar algún compuesto que no provocara tanta irritación en el estómago. El equipo formado por Heinrich Dreser, Arthur Eichengrün y Felix Hoffmann, que trabajaba en los laboratorios de Bayer, fue el responsable de sintetizar el ácido acetilsalicílico y de convertirlo en un medicamento. Concretamente fue el joven Hoffmann el que logró sintetizarlo el 10 de agosto de 1897, aunque anteriormente, en 1853, el químico Charles Frédéric Gerhardt ya había obtenido ácido acetilsalicílico y lo había bautizado como anhídrido acético-salicílico, pero utilizando otro método. Hoffmann probó su fórmula con éxito con su padre, que sufría dolores debido a un reumatismo crónico, y fue efectiva. Su supervisor, Eichengrün, le pasó la fórmula a Dreser, pero este la rechazó alegando que era cardiotóxica (en ese momento estaba desarrollando un antitusivo menos adictivo que la morfina...: la heroína). Para demostrar su error, Eichengrün la probó y esto hizo que Dreser se convenciera y redactara los informes para la evaluación del ácido acetilsalicílico. ¿De quién fue el mérito? Pues la verdad es que el asunto está envuelto en cierta controversia. En un principio, el propio Hoffmann se atribuyó ser el inventor de la aspirina. Sin embargo, en 1949, Eichengrün afirmó haber planificado y dirigido la síntesis del fármaco, además de ser responsable de las pruebas clínicas iniciales, y obvió bastante la participación de Hoffmann. Durante mucho tiempo, esta versión fue ignorada, hasta que en 1999 se reexaminó el caso y se llegó a la conclusión de que la versión de Einchengrün era coherente y, por tanto, él merecía crédito por la invención de la aspirina (a pesar de que Bayer aún se lo atribuye íntegramente a Hoffmann). Parece ser que Hoffmann, que en aquel tiempo era muy joven, actuó como técnico siguiendo las indicaciones de Eichengrün, por lo que el mérito corresponde a ambos.

El nombre de la aspirina se lo debemos también a los científicos de Bayer. AAS es la abreviatura de *acetylspirsäure* o 'ácido acetil espírico', debido a que para su aislamiento no partían de corteza de sauce, sino de la hierba *Spiraea ulmaria* (ahora denominada *Filipendula ulmaria*), conocida como *ulmaria*. No se calentaron mucho la cabeza: en *aspirin*, *a-* es un prefijo griego que significa 'sin'; *-spir-* por la planta a partir de la cual se obtenía, *Spiraea*, y la terminación *-in* porque era la utilizada en aquel momento para los medicamentos de la época. Y así fue como se creó una de las palabras más universales y un medicamento que de seguro has tomado alguna vez en tu vida. El 6 de marzo de 1899 fue inscrita con este nombre en la Oficina Imperial de Patentes de Berlín como marca registrada de Bayer.

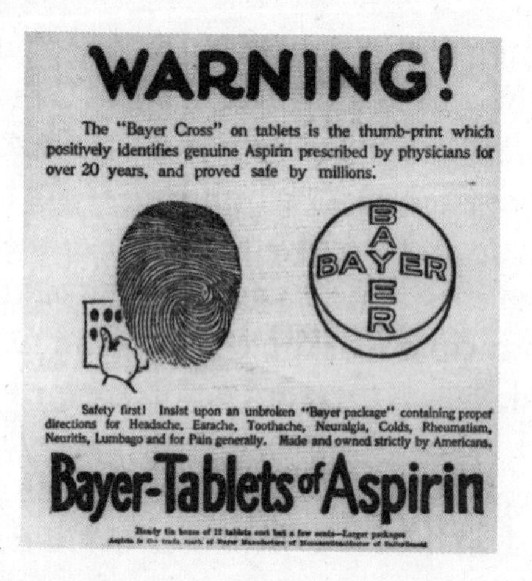

Distintivo de los comprimidos de aspirina.

La aspirina, o ácido acetilsalicílico, tiene una diferencia fundamental con la mayoría de las moléculas que han aparecido en este libro. En general, las moléculas que tienen un efecto concreto se encuentran en una sola planta o plantas muy relacionadas evolutivamente. La solanina la tenemos en las solanáceas, la morfina en las amapolas, etc. Pero el ácido salicílico se puede encontrar tanto en un árbol como en una hierba, que evolutivamente están bastante alejados. Para entender esto hay que ver cómo funcionan las plantas. La mayoría de las moléculas de las que te he hablado que son específicas de unas pocas plantas son las que llamamos *metabolitos secundarios*, que son las que, como ya explicamos, algunas plantas han sintetizado para una función muy concreta y no se encuentran en la mayoría de ellas. Pero... el ácido salicílico no entraría en esta clasificación, porque esta molécula es una hormona muy importante en la fisiología de cualquier planta. De la misma forma que nosotros tenemos insulina para regular la absorción de glucosa por las células y los estrógenos para los ciclos menstruales, las plantas tienen hormonas para regular aspectos fundamentales como la germinación, el crecimiento o la floración. Estamos hablando entonces de un metabolito primario, no secundario. El ácido salicílico es una molécula que tiene una función fundamental en activar la señalización de defensa de una planta cuando la ataca una bacteria o un hongo. Así que, cuando una hoja nota una lesión debido a un ataque, se produce ácido salicílico para avisar al resto de los órganos de lo que está pasando. Esto puede hacer que la planta acumule moléculas de defensa, incluso algunas que sean tóxicas, para repeler al patógeno que la molesta. En fisiología vegetal, las cosas nunca son fáciles. Si lees un libro antiguo de esta materia te dirá que otra hormona, el ácido abscísico, es la principal responsable de la respuesta de la planta a sequía o salinidad, y el ácido salicílico, a bacterias, hongos y patógenos, pero ahora cada vez hay más evidencias de que el ácido salicílico también tiene una función importante en la defensa frente a problemas ambientales, sin que haya bichos de por medio.

¿Y por qué funciona tan bien? Dentro de la célula existe algo llamado *rutas metabólicas*, que son diferentes secuencias de reacciones químicas que generan productos que necesitamos. Estas vías suelen ramificarse, y a partir de una misma molécula se pueden formar metabolitos diferentes mediante reacciones químicas distintas. Ya vimos que a partir del ácido shikímico se forman tres aminoácidos esenciales. Precisamente esta ruta genera moléculas precursoras del ácido salicílico. Estas reacciones se producen por la acción de las enzimas. En animales, el ácido salicílico inhibe una enzima llamada *ciclooxigenasa*, que participa en la síntesis de una familia de moléculas denominadas *prostaglandinas* (llamadas *mensajeras del dolor*), que están implicadas en la respuesta inflamatoria del cuerpo. Como el ácido salicílico inhibe esta enzima y se localiza muy al principio de esta ruta, no impide que se forme una molécula en concreto, sino varias. Y por eso es efectiva en diferentes procesos. Una aspirina puede bajarte la fiebre, calmarte el dolor o reducir la inflamación porque inhibe la formación de prostaglandina E_2, prostaglandina I_2 y tromboxano A_2 actuando solo sobre una única enzima.

Y aquí viene otra excepción interesante. Los metabolitos secundarios son moléculas tan específicas y concretas que es complicado que a lo largo de la evolución ejercieran alguna presión de selección sobre los animales, es decir, que hubiera algún tipo de carrera armamentística donde un organismo sintetiza una molécula tóxica y otro, un sistema para inactivarla. Por poner un ejemplo, las levaduras sintetizan alcohol para eliminar competencia, pero como a lo largo de la evolución hemos estado expuestos a fruta fermentada por levaduras, y por tanto con alcohol, tenemos enzimas específicas para eliminar el alcohol, algo que no nos pasa con muchos medicamentos o drogas. Por lo tanto, que un metabolito secundario pueda ser un medicamento para nosotros es básicamente una casualidad. En el caso del ácido salicílico, es una molécula que se produce en respuesta a un ataque por insectos. El hecho de que, además de funcionar como señalizadora dentro de las plantas, sea capaz de inhibir enzimas muy importantes de rutas de animales, puede que en este caso no sea una casualidad. Sabemos que el ácido salicílico por sí solo como insecticida es muy malo, pero combinado con un insecticida potencia la acción de este porque inhibe los mecanismos de defensa del insecto. Por lo tanto, la aspirina funciona aliviando síntomas porque estamos neutralizando nuestro mecanismo de defensa frente a un ataque de patógenos. ¿Y por qué no nos mata? Porque un insecto pesa menos de un gramo y tú pesas 70 kilos (más o menos).

Además, la aspirina tiene otra propiedad fascinante. En su mecanismo de acción, al inhibir la ciclooxigenasa, hemos visto que impide la formación de tromboxano A_2. El tromboxano A_2 participa en la coagulación y agregación plaquetaria, es decir, es importante en la cicatrización y las hemorragias. Inhibir la coagulación en general es malo... salvo que tengas problemas vasculares y se te puedan formar trombos. En ese caso, la aspirina te puede salvar la vida, ya que se ha demostrado que fluidifica la sangre y puede evitar así la formación de trombos y posibles derrames. De hecho, la causa más frecuente de coágulos, que pueden ser fatales, entre gente sana es el llamado *síndrome de la clase turista*, que se da cuando estás mucho tiempo sentado en la misma postura, por ejemplo, en los asientos más económicos de una ruta aérea transoceánica. Por este motivo hay quien toma aspirina antes de hacer un vuelo largo. No te automediques. Aunque sea una aparentemente inocua aspirina, no lo es.

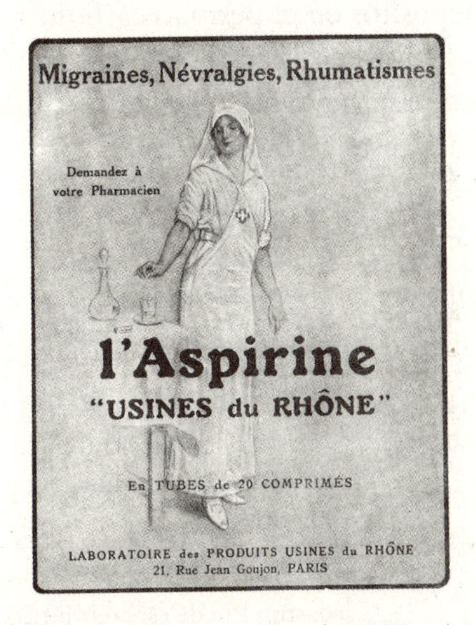

Anuncio de aspirina de 1923.

Y con esto llegamos al giro final de la historia. Con la cantidad de aspirinas que se toma la gente, ya deberíamos haber extinguido todos los prados y talado todos los sauces. La verdad es que no. Ya dijimos que la aspirina es fruto de la potente industria química alemana, y que cuando se descubrió la aspirina había mucho interés en estudiar las anilinas y los derivados del alquitrán de hulla. Extraer la aspirina de fuentes vegetales siempre es problemático, porque no todas las plantas acumulan mucha cantidad de ácido salicílico y esta puede variar de extracto a extracto, al margen de que hacen falta muchas plantas. La aspirina era tan importante que las empresas siguieron investigando hasta que se descubrió la reacción de Kolbe-Schmitt, una síntesis de química orgánica que produce ácido salicílico a partir de fenol, una de las moléculas más utilizadas en la industria química que se obtiene a partir del petróleo o del carbón. La aspirina sigue siendo un compuesto derivado de plantas, pero no de las que piensas, sino de las que se quedaron enterradas en grandes depósitos en el periodo carbonífero. Si te hace sentir mejor, piensa que las cajas de aspirina podrían llevar una etiqueta que pusiera: ningún sauce ha sido dañado en la elaboración de este medicamento.

Nombre común	Ulmaria
Nombre científico	*Filipendula ulmaria*
Usos populares	Alimento (aromatizante), antipirético y analgésico.
Usos confirmados por la ciencia	Fuente de ácido acetilsalicílico, antiinflamatorio, analgésico y antipirético.
Curiosidades	En el siglo XVI, cuando había la costumbre de esparcir juncos y hierbas en el suelo (tanto para dar calor a los pies como para combatir olores e infecciones), la altarreina era una de las favoritas de Isabel I de Inglaterra, por encima de cualquier otra planta de sus aposentos.

12

CÉLULAS. LA LUCHA VEGETAL FRENTE AL CÁNCER

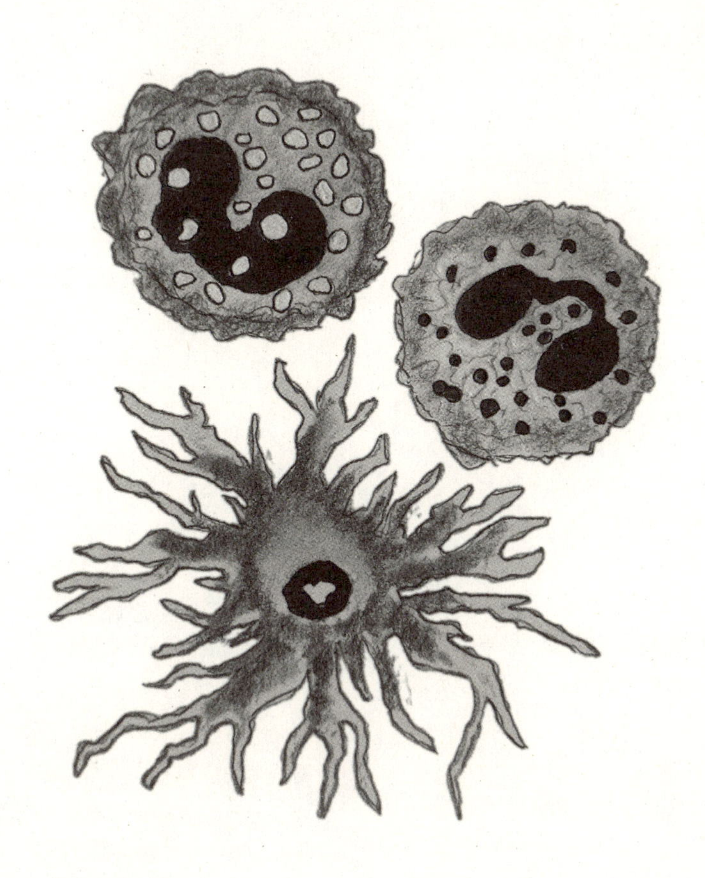

12.1

PLANTAS ANTICÁNCER

No hay duda de que el cáncer es una de las enfermedades más terribles, principalmente en los países desarrollados. Cuando puedes morir de hambre, por una polio o una infección, el cáncer no te preocupa, porque hay otros problemas que están amenazando tu vida de forma más inmediata, pero a medida que la sociedad avanza y ya tenemos comida para todos, vacunas y antibióticos, el cáncer aparece como una de las enfermedades más frecuentes.

Antes de seguir con este capítulo, hay que hacer varias precisiones. El cáncer no es realmente una enfermedad, sino un conjunto de diferentes patologías que tienen en común que una determinada célula escapa del control general y empieza a proliferar. Ese aumento puede ser benigno e irrelevante, como un lunar o una verruga, o maligno; tanto, que puede convertirse en metástasis, extenderse a diferentes órganos y hacer inviable la supervivencia del individuo. Por lo tanto, todos los días nuestro sistema inmunitario y otros que gobiernan el control celular tienen que lidiar con células «rebeldes», que se niegan a actuar en función del bien común. La causa que origina este comportamiento anómalo característico del cáncer puede deberse a una mutación, que a su vez puede estar determinada por diferentes factores. Uno de los principales es la (mala) suerte de que la mutación afecte un gen determinado que controla su crecimiento. Es así de cruel que en muchos casos el cáncer sea una simple cuestión de mala suerte y que las posibilidades de sufrirlo estén gobernadas por las mismas leyes que gobiernan el azar, es decir, es pura estadística.

Hay que tener en cuenta que el azar también es cuantificable, y si tenemos muchos números, más probabilidades hay de que nos pueda dar. Asumir esta circunstancia ayuda a explicar ciertas cosas, como que a medida que envejecemos tenemos más probabilidades de sufrirlo, ya que estamos acumulando posibilidades durante más tiempo, o que una persona alta tenga más probabilidad que una de menor estatura, ya que tiene más células. La Agencia Internacional de Investigación sobre el Cáncer, perteneciente a la OMS, elabora una lista de todos los compuestos y las actividades en función de su carcinogenicidad. En los primeros puestos se encuentran el tabaco, los materiales radiactivos, algunos productos químicos, pero también la carne procesada, incluyendo hamburguesas, salchichas y embutidos. Esto debería hacernos pensar: ¿es tan peligroso el plutonio como el jamón serrano? La respuesta es obvia, no. La lista solo dice qué compuestos aumentan la probabilidad de padecer esta terrible enfermedad, pero no cuánto la aumentan. Cincuenta gramos de plutonio pueden matar a todo tu grupo de vecinos, pero la misma cantidad de jamón te puede saber muy bien en un bocadillo. Lo que pasa es que si uno abusa de este rico manjar, puede tener más probabilidades de contraer un cáncer colorrectal. Así que, aunque el azar influye, eso no quiere decir que no podamos hacer nada. Podemos tratar de sortear las causas evitables: ponerse crema solar para protegerse de la fuerte radiación y no fumar son las dos (buenas) decisiones individuales que podemos tomar para disminuir el riesgo de padecerlo.

Cuando uno ha tenido la mala suerte de contraer un cáncer, se puede caer fácilmente en la desesperación. El tratamiento tradicional puede ser muy agresivo: cirugía, quimioterapia o radioterapia, que incluyen muchos y desagradables efectos secundarios, aunque cada vez están más controlados y en ese aspecto se ha avanzado mucho en los últimos años. Una persona que se enfrenta a esa situación o que ve cómo un ser querido la encara busca cualquier cosa que pueda ayudarle, y ahí se incluyen libros vendehúmos, remedios milagrosos y el amplio y etéreo mundo de las terapias alternativas o complementarias. Centrándonos en lo que nos interesa para este libro, encontramos la fitoterapia o terapia herbal.

¿Se puede curar el cáncer a base de hierbas, plantas o infusiones? Si uno rebusca en la literatura científica, encuentra numerosas revisiones sobre el tema, algunas firmadas por médicos o científicos especialistas en medicinas alternativas o complementarias, es decir, perfiles poco sospechosos de animadversión hacia estas terapias o de estar a sueldo de la perversa industria farmacéutica. Lo que llama la atención es la falta de ensayos clínicos o de estudios a gran escala. Como mucho, encuentras algún análisis sobre el uso de antioxidantes naturales como factor preventivo, pero ninguno que aborde tratar determinado tipo de cáncer con una terapia basada en el consumo de plantas. Solo se han realizado ensayos de este tipo sobre los extractos de té ricos en polifenoles (que tienen un gran poder antioxidante y efectivamente pueden actuar como agente preventivo del cáncer), algunos en curso sobre el muérdago y uno con el noni, el fruto de *Morinda citrifolia*, proveniente de la Polinesia (es similar a la chirimoya). Precisamente sobre el noni se ha publicado recientemente una revisión que parece demostrar *in vitro* e *in vivo* un potencial efecto anticancerígeno y quimiopreventivo de los compuestos bioactivos de esta fruta, lo que podría suponer una buena opción en el futuro para el tratamiento del cáncer. Obviamente falta mucho por investigar en este sentido. Por lo tanto, la primera conclusión, que también destacan los científicos del área, es que hay una alarmante falta de literatura científica que respalde el uso de fitoterapia en el cáncer.

Existe otro tipo de literatura médica en la que los autores reseñan casos que han llegado a la consulta. Por ejemplo, un paciente con un cáncer que haya decidido tratarse por su cuenta con fitoterapia. Ningún comité ético aprobaría un ensayo sobre cáncer si no hubiera una evidencia muy fuerte de que puede funcionar, pero si alguien lo ha hecho por su cuenta, se puede hacer una publicación para que la comunidad conozca los efectos, es lo que se llama *case report*. Tenemos numerosas descripciones, pero es llamativo que en más del 50% de los casos lo que se observa es que el paciente empeora tras abandonar la terapia convencional. Otro aspecto es que muchos de los tratamientos herbales contra el cáncer se basan en conocimientos tradicionales y culturales y, a efectos prácticos, no coinciden entre ellos, porque muchas veces para un mismo cáncer diferentes culturas recomiendan hierbas distintas.

De lo que sí hay evidencia científica sólida es justo de lo contrario: de tratamientos de medicina natural o fitoterapia que produzcan cáncer o que tengan este efecto secundario. A principios de los años noventa hubo una epidemia en Bélgica de mujeres con fallos renales severos y tumores en el tracto urinario superior. El punto de unión fue que todas habían tomado un remedio de hierbas chinas para perder peso. Este remedio tenía una formulación original bastante inocua, pero en algún momento se alteró la fórmula para incluir plantas del género *Aristolochia*. Estas plantas contienen un alcaloide llamado *aristoloquina* que es tremendamente cancerígeno. De hecho, este fármaco natural ya había sido relacionado previamente con el cáncer del tracto urinario superior en Taiwán, donde se utilizaba en varios remedios de medicina tradicional, motivo por el que estaba prohibido.

Así que tenemos, por un lado, que no hay un tratamiento efectivo para un cáncer que se base en terapias herbales y, por otro, que sabemos que hay hierbas (además del tabaco) que sí pueden producir tumores. Pero eso no quiere decir que no haya plantas que puedan ser útiles para el tratamiento del cáncer.

Veamos qué encontramos.

El tejo (*Taxus baccata*) es un árbol que está muy presente en la cultura europea desde el Neolítico. El propio Ötzi llevaba arco y herramientas de tejo. Los faraones se enterraban en ataúdes de esta madera. Cuenta Julio César que el jefe de los eburones, una tribu germánica que habitó la actual Bélgica, prefirió suicidarse consumiendo estas bayas a rendirse. Sabemos que cántabros y astures también lo hacían cuando se veían rodeados por los romanos. Su madera también era muy apreciada para hacer arcos en la Edad Media. Debajo de un tejo en Anker, el rey inglés Juan Sin Tierra juró la Carta Magna inglesa por exigencia de la nobleza. En muchos pueblos, principalmente del norte de España, los tejos se utilizaban como árboles de junta y concejo, debajo de los cuales se celebraban las asambleas y se tomaban las decisiones. Cuenta la leyenda que en Pontedeume existía un tejo bajo el que tuvo lugar un consejo de ministros en tiempos de la Segunda República, siendo el anfitrión el ministro Casares Quiroga. En otros casos se sembraban al lado de ermitas, iglesias o cementerios, mezclando la tradición pagana y la cristiana. Solo en Asturias hay registrados doscientos tejos que están o estuvieron plantados al lado de una iglesia, puesto que en algunos casos los propios clérigos eran los que talaban el árbol por considerarlo un vestigio pagano. En ciertos pueblos sigue vigente la tradición de llevar una rama de tejo a las tumbas de los muertos recientes. Algunos de estos individuos se consideran ejemplares monumentales que superan los doscientos o trescientos años de vida. Pero no solo para jurar o para envenenar sirve el tejo.

En 1958 el Instituto Nacional del Cáncer de Estados Unidos inició una búsqueda exhaustiva de moléculas capaces de ser eficientes en terapia contra el cáncer. En el marco de este proyecto, en 1962 el botánico Arthur S. Barclay, como parte de un estudio rutinario, recogió varios kilos de ramas, agujas y corteza del tejo del Pacífico (*Taxus brevifolia*) para evaluar su actividad biológica. Los análisis realizados por Monroe E. Wall tiempo después indicaron que en los extractos de este árbol se encontraba un potente anticancerígeno, el taxol. Solo había un pequeño problema...: en 1969 la cantidad de taxol disponible en todo el planeta era de 10 gramos, y para obtenerlos había sido necesario procesar 1 200 kilos de corteza de tejo. En 1984 la FDA autorizó los ensayos de este compuesto como anticancerígeno, y demostró ser efectivo en casos de cáncer de ovario virulentos y en algunos casos de cáncer de mama. El taxol se fija a unas proteínas de las células llamadas *microtúbulos* que forman el esqueleto celular y les impide remodelarse a medida que la célula se divide, lo cual frena la división celular e impide la progresión de las células cancerosas. El único problema es que un tejo necesita tener una edad mínima de cien años para acumular una cantidad aceptable de taxol, y un tratamiento requiere de aproximadamente cien árboles. Esto favoreció la tala furtiva de tejos que llevó a la extinción de una subespecie que crecía en las laderas del Himalaya. Por suerte, se estableció una carrera entre diversas empresas farmacéuticas para lograr taxol de forma sintética (siempre se están picando para ver quién la saca antes). Que la planta sepa hacerlo no quiere decir que no podamos imitarla. En 1993 se consiguió la síntesis, aunque con una eficiencia muy baja. Luego entró la biotecnología para desvelar que algunos microorganismos que viven en la corteza de la planta sintetizan moléculas parecidas al taxol con una actividad anticancerígena incluso mayor. Estos descubrimientos pusieron fin a la tala de tejos. Hoy en día la terapia con medicamentos derivados del taxol es muy asequible gracias a lo que aprendimos de una planta.

No es el único caso en el que tenemos un medicamento efectivo para el cáncer a partir de una planta. Existe una especie ornamental muy utilizada como planta de interior que se llama *vinca*, con dos variedades, vinca major (*Vinca major*) y vinca minor (*Vinca minor*), de nombre popular *hierba doncella*. Seguramente las has visto, porque sus semillas las venden en cualquier tienda de jardinería, aunque muchas veces se confunden con otra planta, la *Impatiens walleriana*, popularmente conocida como *belén*. Las vincas, también llamadas *vincapervincas* por el vistoso color lavanda de sus flores, tienen toda una serie de alcaloides que solo se encuentran en plantas de esta familia. Los investigadores Robert Noble y Charles Thomas Beer, trabajando con una planta de esta familia procedente de Madagascar llamada *Vinca de Madagascar* (*Catharanthus roseus*), anteriormente conocida como *Vinca rosea*, identificaron una molécula llamada *vinblastina*, un alcaloide capaz de disminuir el número de glóbulos blancos de la sangre, lo que la hacía útil para el tratamiento de diferentes leucemias y otros tipos de cáncer. Esto fue sorprendente, porque la medicina tradicional asociaba su consumo a la diabetes y su interés original era encontrar medicamentos para esta enfermedad, algo para lo que no encontraron que fuera efectiva. La sabiduría popular también comete errores. A diferencia del taxol, esta molécula es complicada de sintetizar de forma química por un problema de estereoisomería... Esto quiere decir que no solo es importante la composición de la molécula, sino las diferentes orientaciones en las que los átomos se pueden unir entre ellos, de la misma forma que tu mano izquierda y tu mano derecha parecen iguales, pero tienen orientaciones diferentes. En una síntesis química se suelen producir moléculas con las dos orientaciones y eso hace que el producto no sirva. Un ejemplo terrible de este problema fue el caso de la talidomida: cuando se sintetizaba a pequeña escala para las pruebas de laboratorio, se utilizó un protocolo que producía solo una de las formas, que demostró ser efectiva para tratar esas náuseas tan molestas en el primer trimestre del embarazo, pero al ser aprobado y empezar a producirse de forma industrial, se cambió el protocolo y se sintetizaron las dos formas al mismo tiempo, de manera que una era efectiva, pero la otra producía malformaciones en el feto. Actualmente, la vinblastina se obtiene mediante síntesis química, pero el procedimiento es complejo, y se está intentando producir por ingeniería genética.

Vinca de Madagascar (*Catharanthus roseus*).

De forma similar, a partir de la misma planta se extrae otro alcaloide, la vincristina, que es también efectiva para ciertos tipos de cáncer. Al igual que para la vinblastina, el problema es que hace falta partir de gran cantidad de material para tener unos pocos gramos, porque se encuentra en concentraciones muy bajas. A partir de una tonelada de hojas secas se obtienen menos de 30 gramos y ha llegado a costar un millón de dólares el kilo... Y la síntesis química se resiste, por eso de vez en cuando hay escasez.

En Estados Unidos existen varios centros oficiales dedicados al estudio de las medicinas alternativas y complementarias..., pero te cuento que sus resultados son muy pobres. En sus más de trescientos años de existencia no han sido capaces de dar con ninguna terapia que sustituya a ninguno de los tratamientos que en la actualidad usa la medicina convencional. Así que, en caso de cáncer, déjate de hierbas.

Eso sí, como ya te dije antes, se ha visto que como medida preventiva algunas plantas ricas en antioxidantes pueden funcionar, por ejemplo, el té verde (el resto no, porque están fermentados y pierden los antioxidantes) y el cacao (tampoco el chocolate, porque en el procesamiento también desaparecen todos los antioxidantes). E insisto, solo como prevención. Si tienes cáncer no sirven, de hecho, parte de la respuesta de tu cuerpo contra el cáncer será tratar de oxidarlo, así que si te atiborras de antioxidantes..., estás inhibiendo tus propias defensas. Aunque pueden ser duros y desagradables, la cirugía, la quimioterapia, la radioterapia, los medicamentos dirigidos, la inmunoterapia, el trasplante de células madre o médula ósea y la terapia hormonal son los tratamientos avalados por la ciencia, es decir, que pueden curar. Hasta hoy, si nada de esto lo consigue, ninguna hierba lo hará.

Nombre común	Tejo
Nombre científico	*Taxus baccata*
Usos populares	Veneno, incremento de la fertilidad.
Usos confirmados por la ciencia	Fuente de uno de los fármacos más exitosos contra el cáncer.
Curiosidades	Este árbol es muy fácil de distinguir y su toxicidad es bastante conocida. No obstante, desde 1960 se han identificado al menos veintidós muertes en Gran Bretaña relacionadas con el consumo de diferentes partes del tejo. Probablemente su uso está relacionado con rituales neopaganos (magia wicca) o con sus descartados beneficios para la fertilidad.

12.2

LA PLANTA MÁGICA. MUÉRDAGO

Después de dedicar estas páginas a algunas plantas y sus propiedades, bien sean medicinales o tóxicas, a estas alturas no sé si piensas que soy un poco bruja... Espero que mi aspecto no te lo parezca (no me ves, pero sonrío), aunque eso es lo de menos. No tengas prejuicios, parte de la sabiduría popular en lo que se refiere a los remedios transmitidos de generación en generación se la debemos a las brujas. Hicieron una gran labor y poseían unos conocimientos poco comunes, que rivalizaban con las boticas de los monasterios, como ya te conté al principio de este libro.

Y, sin embargo, a las brujas se les temía y perseguía.

En la Edad Media, cuando las hechiceras estaban en todo su esplendor, había un arma vegetal contra ellas que, según la creencia popular, era muy eficaz para evitar que «su maldad» entrara en los hogares. Hablar de la Edad Media me pone poética... Es mi época histórica favorita.

La planta de la que vamos a hablar ya era conocida desde mucho tiempo antes y se le consideraba sagrada por una serie de cualidades que eran reales, pero que se interpretaban como mágicas. Es una planta semiparásita que se alimenta de la vida de árboles que unen cielo y tierra, obteniendo la magia de lo mejor de los dos mundos. Es epifita, es decir, sus raíces no están en el suelo, sino que brotan de otras vidas, como si de un parto se tratara. De ahí viene su relación con la fertilidad y el amor. Aunque por sí misma hace la fotosíntesis, la «sangre» del árbol hospedante también le proporciona agua y nutrientes para mantenerse viva sin dañar a su amado. De ahí que sea parásita solo en parte y no en su totalidad. Lo hace a través de un beso, procedente no de unos carnosos labios, sino de algo conocido como *haustorio*, una especie de raíz modificada propia de plantas y hongos parásitos.

Tiene una capacidad limitada de expansión por sí misma, pero aquí viene a ayudarla el cielo, o, mejor dicho, algo venido del cielo. Es una planta que florece y proporciona fruto en invierno, con el aspecto de una atractiva uva blanca translúcida, un alimento necesario para muchos que escasea en esta época. Es entonces cuando aparecen glotones los mirlos, tordos, zorzales, currucas y otras aves en proceso migratorio a las que les encantan las bayas viscosas. Solo hay una semilla por fruto. Una vez que los pájaros las comen, dejan caer sus heces llenas de unas pegajosas semillas que, como si fueran *stickers*, se adhieren y clavan en los troncos, de donde nacerán nuevos brotes. Esta estrategia invernal sin competencia, en un momento en que otras plantas descansan, la dota de unas propieda-

Detalle de las bayas de la planta del muérdago (*Viscum album*).

des reproductivas fabulosas que no pasaban desapercibidas a los curiosos observadores humanos. Prospera a pesar de las adversidades, y no hay ni un producto fitosanitario que le quite la vida sin causar la muerte del árbol que la hospeda.

Hoy en día está prohibida su cosecha, y su cultivo es muy complicado, pero los druidas celtas la buscaban y extraían de las copas de los robles sagrados entre oraciones. Estos sacerdotes le atribuían efectos protectores mediante hechizos frente a los malos espíritus y además la consideraban una fuente de vitalidad, quizá porque permanecía siempre vestida de verde durante todo el año, aunque su amado árbol se mostrara triste y escuálido, desprovisto de su hoja caduca. A todos nos gusta tener esa alegría a nuestro lado en todo momento, especialmente en los tristes y fríos días de invierno, ¿verdad?

De hecho, nuestra misteriosa planta cortada con una hoz de oro era uno de los ingredientes principales de la poción mágica del druida Panoramix en el cómic de Astérix. ¿Recuerdas la fuerza sobrehumana que proporcionaba? Y es que las leyendas celtas afirmaban que hasta era capaz de resucitar a los muertos.

Para los clásicos, griegos y romanos, también tenía mucha importancia simbólica. Los griegos la utilizaban en las ceremonias nupciales por su asociación con la fertilidad, y los romanos, en las fiestas saturnales en honor al dios de la agricultura (con semejanzas por la fecha y costumbres a nuestra Navidad), la empleaban como ofrenda y ornamento en representación de dos grandes fuerzas que mueven el mundo: el amor y la paz. Incluso estaba extendida la costumbre de colocar unas ramas en el momento de reconciliación de los cónyuges que sellaban con un beso..., algo que va conectando con la época moderna.

Es momento de ir revelando el nombre de nuestra planta: *Viscum album*. En su etimología culta vemos dos de sus características antes descritas, su carácter viscoso y el color blanco de sus frutos. Entre sus nombres comunes se le conoce como *matapalo*, *ramillo de la suerte*, *visco*, *liga*, pero, sobre todo, con una palabra que tiene casi todas las vocales... *muérdago*. ¿Ya lo habías adivinado? Si eres de los seguidores del galo Astérix, seguramente sí.

Será fácil encontrar muérdago en la península ibérica y en todo el Mediterráneo allí donde residen los árboles hospedadores: robles y encinas, pinos, chopos, olivos, espino blanco y árboles frutales, entre otros. Sin embargo, fíjate que en el sur de España, en Andalucía, tenemos una variedad de muérdago (*Viscum cruciatum*) cuyos frutos no son blancos sino rojos como el acebo, así que puede llevar a confusión.

Su relación con la Navidad, ¡ojo, no hay que confundirla con el acebo!, se la debemos a los ingleses, que iniciaron la costumbre en el siglo XVIII, siguiendo la tradición romana, de mostrar su amor en esa entrañable época con un beso bajo el ornamento de sus ramas atadas con alegres lazos. Una chica esperaba a que el pretendiente le ofreciera su amor arrancando un fruto, y así los chicos tenían tantas oportunidades como frutos tenía la rama. Y aquí entra la superstición: ¿y si no había ningún chico que ofreciera su tímido beso? La mujer se quedaría soltera hasta el año siguiente.

Como dije antes, ni se cultiva ni se cosecha. Estarás pensando que es una planta llena de historia y simbolismo, sí, pero ¿qué puede tener de interesante para nosotros una planta semiparásita, más allá de su lado mágico? En algún momento se utilizó como alimento para el ganado, incluso como trampa para cazar pájaros impregnando unas varas con la sustancia viscosa y pegajosa del muérdago (la resina o pegamento), conocida como *parany*, práctica prohibida hoy en día. Pero lo más interesante nos lo descubren los estudios científicos que han buscado algo más allá: sus aplicaciones farmacéuticas. Vamos a revisarlas.

La composición molecular de esta planta es compleja y variable, pues como planta semiparásita puede contener, además de compuestos que le son propios, otros de todo tipo provenientes del árbol anfitrión. Además, se presenta diferente en función de la época del año en que se toma la muestra. Todo esto ha hecho que el muérdago presente gran complejidad bioquímica y, dentro de ella, muchos principios activos interesantes para su estudio y aplicación potencial para la salud.

Y para muestra, un botón: *Viscum album* contiene diferentes fitotoxinas como foratoxinas, viscotoxinas, lectinas (viscumina), otras moléculas activas como glucósidos cardiotónicos (¿te acuerdas del sapo de Sonora y de la digital?), tioles (glutatión), péptidos, triterpenos, ácidos fenólicos, oligo y polisacáridos, fitoesteroles, etc. De todo esto, centrémonos en lo que más parece despertar la atención, que son las viscotoxinas y las lectinas.

¿Sabría esto Panoramix? Me temo que no, pero si hubiera sido un personaje real, seguramente sí...

Durante siglos, el muérdago se ha utilizado para tratar dolencias diversas como epilepsia, hipertensión, artritis, menopausia, esterilidad y dolores de cabeza. Pues nada. Desgraciadamente, no hay sólidas evidencias científicas que avalen su eficacia y seguridad de uso para esas dolencias.

En la actualidad, las principales áreas de medicina en las que se está estudiando su utilidad farmacéutica serían la cardiología, más tímidamente, y, por encima de todo, la oncología, donde una búsqueda de publicaciones científicas arrojará bastantes resultados. Suena bien, aunque... ¡Un momento, no desesperes! No quiero desilusionarte, pero el método científico es así de prudente en la búsqueda de hechos, y conclusiones firmes e indubitadas no las hay.

La mayoría de los estudios se han hecho en Europa, donde hay mayor tradición en el uso medicinal de esta planta, pero hay mucha dificultad a la hora de evaluar un tratamiento estandarizado, ya que la planta presenta mucha variabilidad bioquímica por los factores que antes mencioné.

La Agencia Europea de Medicamentos afirma que los remedios de muérdago pueden reducir la presión arterial en ratas y perros (hipertensos), pero también indica que los experimentos no son sólidos. En cuanto al área de oncología, los estudios *in vitro* sugieren que las viscotoxinas y las lectinas (viscumina) del muérdago tendrían un efecto citotóxico contra las células cancerígenas, inhibiendo su proliferación. Además, parece que tiene lugar un efecto sinérgico, pues se induciría una acción inmunoestimuladora o inmunomoduladora que mejoraría la actividad de las células NK (*natural killer*), un tipo de linfocito que forma parte de nuestro sistema inmunitario innato cuya función es atacar las células tumorales e inducirlas al suicidio, dejando en paz al resto de las células sanas. Esto sería como decir que, además de frenar el crecimiento del tumor, haría que las células enfermas murieran. La traslación de estos hallazgos a humanos ya es otra cosa.

A fecha de abril de 2024, ni la Agencia Europea de Medicamentos ni el Instituto Nacional del Cáncer de Estados Unidos (NIH) avalan el tratamiento contra el cáncer con muérdago. El NIH dice textualmente:

> El uso de muérdago es uno de los tratamientos de medicina complementaria y alternativa más estudiados para el cáncer. En algunos países europeos, los medicamentos hechos con muérdago europeo (*Viscum album L.*) se encuentran entre los fármacos más recetados que se ofrecen a los pacientes de cáncer. Se han evaluado los extractos de muérdago en numerosos estudios clínicos y con frecuencia se han notificado mejoras en la super-

> vivencia, la calidad de vida o la estimulación del sistema inmunitario. Sin embargo, la mayoría de los estudios clínicos llevados a cabo hasta la fecha han tenido una o más deficiencias, lo que hace que surjan dudas sobre la fiabilidad de los hallazgos. Además, no hay evidencia que respalde la noción de que la estimulación del sistema inmunitario con muérdago conduzca a una mejora de la capacidad de combatir el cáncer. Debido a que todos los pacientes de los que se informa en los estudios clínicos son adultos, no se dispone de información acerca del uso del muérdago para el tratamiento de niños con cáncer.

Así que no parece que solucione demasiado. Esto no significa que en algún momento las conclusiones puedan ser diferentes y más esperanzadoras, pues los estudios continúan y cada vez estarán mejor diseñados. Por el momento, seamos prudentes.

Una vez vista su potencialidad y eficacia, ¿es seguro? La respuesta está en los vikingos.

Representación de Höðr matando a Baldr en un manuscrito islandés del siglo XVIII.

Cuentan las leyendas escandinavas que la diosa Frigg tenía dos hijos, Höðr y Baldr. Este último estaba atormentado por unos sueños proféticos que anunciaban su muerte, así que su madre hizo jurar a todos los seres y cosas que jamás harían daño a su hijo. Y así fue, con la excepción del muérdago, quien era demasiado joven para jurar. Höðr era ciego y tenía celos de su hermano. Un gigante que tenía aversión a Baldr, Loki, mediante engaño, sonsacó a la madre quién no había hecho el juramento y guio al celoso hermano para que un dardo impregnado de muérdago atravesara el corazón de Baldr, que allí perdió la vida terrenal, pese a que el resto de las cosas y los seres nunca hubieran podido acabar con él.

Ese dardo debemos tenerlo presente. El muérdago es tóxico para el ser humano y otros animales. Toda la planta es tóxica, pero especialmente las bayas o frutos, que se pueden confundir con algo comestible como si de una uva se tratara. Cuando se administra en una preparación farmacéutica no estandarizada, potencialmente puede provocar hemólisis (deterioro de los glóbulos rojos) por el efecto citotóxico de los alcaloides y fitotoxinas del visco. También se pueden presentar parestesias (esa sensación de adormecimiento de las extremidades, a nivel nervioso), disminución de presión arterial acompañadas de una disminución del ritmo cardiaco (bradicardia) y toxicidad para el hígado. ¡Lo he repetido varias veces a lo largo de estos capítulos, nunca tomes plantas medicinales que no conozcas, ni en dosis inciertas o no probadas, purificadas y estandarizadas científicamente! Es peligroso de verdad y lo que te voy a decir a continuación es una de las conclusiones que debes sacar después de leer este libro. Por muy «naturales» que sean los principios activos en las plantas, se comportan exactamente igual que un medicamento sintético; tienen contraindicaciones, interacciones medicamentosas y efectos secundarios no deseados. También los extractos estandarizados y probados por la medicina han presentado efectos secundarios, aunque leves (escalofríos, fiebre, dolor de cabeza o malestar gastrointestinal).

En cualquier caso, no voy a dejar pasar la última oportunidad de volver a mencionar a Paracelso: la toxicidad es directamente proporcional a la dosis.

Según algunas interpretaciones más libres de la leyenda nórdica (con las que prefiero quedarme), las lágrimas de Frigg al no haber podido proteger a su hijo hicieron brotar la rama del *Viscum album*, y el llanto desconsolado convenció a los dioses de devolver la vida a su hijo Baldr, que acabará resucitando tras el Ragnarök o fin del mundo, lo que convertirá al muérdago en una planta de amor, paz y reconciliación.

Que esta y el resto de las plantas conocidas te traigan mucha vida, concordia y alegrías.

Nombre común	Muérdago
Nombre científico	*Viscum album*
Usos populares	Fertilidad, filtros amorosos, alejar el mal de las brujas.
Usos confirmados por la ciencia	Tóxico, diurético, hipotensor. Es fuente de posibles fármacos contra el cáncer.
Curiosidades	El muérdago está presente en todas las mitologías nórdicas, de hecho, era un componente de la poción mágica que preparaba Panoramix, pero para ello tenía que recogerla con una hoz de oro, lo que da título a una de sus aventuras. En la Edad Media también se pensaba que su aceite era un buen repelente contra lobos, probablemente como efecto secundario de su carácter sagrado, ya que al lobo se le relaciona con el mal.

EPÍLOGO

Mientras acababa de ultimar los detalles de este libro antes de enviárselo a mi editora, surgió una noticia curiosa que me sirve de excusa para escribir este epílogo. El equipo de Isabelle Laumer, del Instituto Max Planck de Comportamiento Animal, había sido capaz de documentar en Indonesia cómo Rakus, un orangután de treinta años herido en la cara por la pelea con otro macho, había mascado una liana llamada *akar kuning* (*Fibraurea tinctoria*) y se la había untado en la cara como un ungüento, además de usar sus hojas a modo de cataplasma para ayudar a cicatrizar la herida. En muchos medios de comunicación han mencionado que es la primera vez que se observa a un animal utilizando plantas medicinales, algo que en rigor no es cierto. Sí es el primer estudio publicado que demuestra que un animal usa una planta con propiedades biomédicas conocidas para el tratamiento de una herida. Tenemos constancia de primates que se frotaron las hojas masticadas de un arbusto con propiedades antiinflamatorias y analgésicas en piernas y brazos, probablemente para calmar los músculos adoloridos. Después de haber leído este libro sabrás que hay pájaros que utilizan el árbol del té para desparasitarse o gusanos que metabolizan la nicotina para exudarla y alejar a las arañas depredadoras. No va a ser la especie humana la única que saque partido a toda la farmacopea que se esconde en el mundo vegetal.

Gran parte de la información de este libro es fruto de milenios de conocimiento acumulado por pobladores de todas las partes del mundo. Cuando no tienes un hospital cerca ni videos de TikTok para pasar el tiempo, te fijas en lo que te rodea y tratas de sacar el máximo partido para resolver tus problemas. Así se descubrieron las propiedades analgésicas de los extractos de sauce, las estimulantes del té o del café, las cardiotónicas de la digital o las psicotrópicas de la belladona. Con el método científico, la Revolución industrial y el desarrollo de la industria química y farmacéutica, tuvimos nuevas herramientas para seguir explorando cómo las plantas podían ayudarnos. De esta forma descubrimos el taxol del tejo, la vinblastina y la vincristina de la vinca y otras muchas que te acabo de contar.

Lo más hermoso e ilusionante es que todavía nos queda mucho por ver. Ahora tenemos herramientas como la genómica, que nos permite explorar la biodiversidad, no solo la vegetal, sino la de todos los reinos, de forma muy precisa y rápida. Así podemos catalogar muchas de las especies que quedan por descubrir. Tenemos también sistemas como la metabolómica, que nos permite identificar todas las moléculas presentes en un extracto vegetal a partir de una muestra sencilla. Una vez que sabemos cuáles hay, podemos tratar de separarlas o, si resulta más fácil, sintetizar la que nos interese. Después, podemos utilizar sistemas celulares que, con un cribado rápido, te permiten saber si alguna de estas moléculas tiene actividad farmacológica. De forma automática, a partir de una colección de moléculas, puedes ver si alguna sirve para frenar la multiplicación de células cancerosas, es un antiséptico, promueve el desarrollo de neuronas, etc., por lo tanto, ahora cada vez va a ser más frecuente que se desarrollen nuevos fármacos y más específicos, y muchos seguirán viniendo de las plantas.

Querida lectora, querido lector, voy a hacer una reflexión final.

La historia empezó cuando se inventó la escritura, pero la civilización comienza con la aparición de la agricultura. Las primeras plantas en domesticarse en el Viejo Mundo fueron los cereales (trigo, cebada, avena y centeno). Hemos pasado de las hachas de mano de sílex a los smartphones y las *tablets*, pero ¿sabes qué tenemos en común con los primeros agricultores neolíticos? Somos absolutamente dependientes de las plantas. Hace 10 000 años la base de la alimentación eran las semillas y hoy lo siguen siendo. Tenemos más medios, más tecnología y más diversidad de alimentos, pero sin cereales no hay civilización que sobreviva. Lo mismo podríamos decir en lo que respecta a la salud. Muchos de los remedios que teníamos hace 10 000 años los seguimos utilizando en la actualidad, aunque sea en forma de crema o pastilla. Por cierto, gracias a que las semillas y los agricultores nos dan de comer cada día, hemos podido investigar y descubrir nuevas plantas y nuevos fármacos. Por eso hace 10 000 años la esperanza de vida era de treinta años y ahora es de ochenta... y eso es en gran parte gracias a las plantas.

Solo espero que cuando acabes de leer este libro las veas de otra manera. La lechuga de tu ensalada, la amapola del campo o la adelfa de tu calle forman parte de un reino biológico al que le debemos estar donde estamos. ¿No es maravilloso?

Valencia, 4 de mayo de 2024

ÍNDICE DE PLANTAS QUE APARECEN EN EL TEXTO

BIBLIOGRAFÍA SELECCIONADA

1. LAS DEFENSAS DE LAS PLANTAS

Alamgir, A. N. M., «Cultivation of herbal drugs, biotechnology, and in vitro production of secondary metabolites, high-value medicinal plants, herbal wealth, and herbal trade», *Therapeutic Use of Medicinal Plants and Their Extracts*: Volume 1. Progress in Drug Research, vol. 73, Ed. Springer, Cham. (2017), pp. 379-472.

Eich, E., «Solanaceae and convolvulaceae: Secondary metabolites», *Biosynthesis, Chemotaxonomy, Biological and Economic Significance (A Handbook)*, Ed. Springer Berlin Heidelberg, 2008.

Naika, M. B. N., Sathyanarayanan, N., Sivarajan Sajeevan, R., *et al.*, «Exploring the medicinally important secondary metabolites landscape through the lens of transcriptome data in fenugreek (Trigonella foenum graecum L.)», *Scientific Reports*, 12 (2022), 13534.

Raven, P. H., Evert, R. F., y Eichhorn, S. E., *Biología de las Plantas*, Ed. Reverte, 1992.

Taiz, L., Zeiger, E., Moller, *et al.*, *Fundamentals of plant physiology*, Ed. Oxford University Press, 2018.

2. CEREBRO. PLANTAS PSICOACTIVAS

Cárdenas, C., Quesada, A. R., y Medina, M. A., «Anti-angiogenic and anti-inflammatory properties of kahweol, a coffee diterpene», *PLoS One*, 6 (8) (2011). Erratas corregidas en: *PLoS One*, 6 (11) (2011).

Carod-Artal, F. J., «Alucinógenos en las culturas precolombinas mesoamericanas», *Neurología*, 30 (1) (2015), pp. 42-49.

Elias, M. L., Israeli, A. F., y Madan, R., «Caffeine in skincare: Its role in skin cancer, sun protection, and cosmetics», *Indian Journal of Dermatology*, 68 (5) (2023), pp. 546-550.

Herraiz, T., y Chaparro, C., «Human monoamine oxidase enzyme inhibition by coffee and beta-carbolines norharman and harman isolated from coffee», *Life Sciences*, 78 (8) (2006), pp. 795-802.

Hilal, B., Khan, M. M., y Fariduddin, Q., «Recent advancements in deciphering the therapeutic properties of plant secondary metabolites: Phenolics, terpenes, and alkaloids», *Plant Physiology and Biochemistry*, 211 (2024), 108674.

Mildenhall, D. C., «Hypericum pollen determines the presence of burglars at the scene of a crime: An example of forensic palynology», *Forensic Science International*, 163 (3) (2006), pp. 231-235.

Nguyen, V., Taine, E. G., Meng, D., *et al.*, «Chlorogenic acid: A systematic review on the biological functions, mechanistic actions, and therapeutic potentials», *Nutrients*, 16 (7) (2024), p. 924.

Raso, G. M., Pacilio, M., Di Carlo, G., *et al.*, «In-vivo and in-vitro anti-inflammatory effect of *Echinacea purpurea* and *Hypericum perforatum*», *Journal of Pharmacy and Pharmacology*, 54 (10) (2002), pp. 1379-1383.

Safe, S., Kothari, J., Hailemariam, A., *et al.*, «Health benefits of coffee consumption for cancer and other diseases and mechanisms of action», *International Journal of Molecular Sciences*, 24 (3) (2023), 2706.

Sánchez, I. A., Cuchimba, J. A., Pineda, M. C., *et al.*, «Adaptogens on depression-related outcomes: A systematic integrative review and rationale of synergism with physical activity», *International Journal of Environmental Research and Public Health*, 20 (7) (2023), 5298.

Siegel, J. S., Subramanian, S., Perry, D., *et al.*, «Psilocybin desynchronizes the human brain», *Nature* (2024).

Winkiel, M. J., Chowański, S., y Słocińska, M., «Anticancer activity of glycoalkaloids from Solanum plants: A review», *Frontiers in Pharmacology*, 13 (2022), 979451.

Wu, J. J., Zhang, J., Xia, C. Y., *et al.*, «Hypericin: A natural anthraquinone as promising therapeutic agent», *Phytomedicine*, 111 (2023), 154654.

Xie, C., Cui, L., Zhu, J., *et al.*, «Coffee consumption and risk of hypertension: A systematic review and dose-response meta-analysis of cohort studies», *Journal of Human Hypertension*, 32 (2) (2018), pp. 83-93.

Zhang, H., Lv, J. L., Zheng, Q. S., *et al.*, «Active components of *Solanum nigrum* and their antitumor effects: A literature review», *Frontiers in Oncology*, 19 (13) (2023), 1329957.

3. Vista. Plantas para verte mejor

Atlas ilustrado de plantas medicinales y curativas, Equipo Susaeta, Ed. Tikal-Susaeta, 2011.

Gargantilla, P., «El piloto de la RAF que forjó el mito que todos creemos de las zanahorias», *Diario ABC Ciencia*, 23 de enero de 2018, disponible en: <https://www.abc.es/ciencia/abci-piloto-forjo-mito-todos-creemos-zanahorias-201801232048_noticia.html>.

Hernández Martínez, J., *Historias asombrosas de la Segunda Guerra Mundial. Los hechos más singulares y sorprendentes del conflicto bélico que estremeció a la humanidad*, Ed. Nowtilus, 2010.

Información sobre medicamentos para el paciente por AHFS [internet]. Bethesda (MD): Sociedad Americana de Farmacéuticos Institucionales, Inc., Atropina tópica oftálmica, 2019, disponible en: <https://medlineplus.gov/spanish/druginfo/medmaster/a604025-es.html>, [revisado 15/01/2024; consulta 30/01/2024].

4. Pulmones. Plantas que te dan aire

Agencia Española de Medicamentos y Productos Sanitarios, AEMPS. *Oseltamivir*, disponible en: <https://www.aemps.gob.es/informa/notasinformativas/medicamentosusohumano-3/2016-muh/ni-muh_17-2016-stock-oseltamivir/> [actualizado: 4/10/2016; consulta 10/02/2024].

Chan, K. K. P., y Hui, D. S. C., «Antiviral therapies for influenza», *Current Opinion in Infectious Diseases*, 36 (2) (2023), pp. 124-131.

Ding, Q., y Ye, C., «Microbial engineering for shikimate biosynthesis», *Enzyme and Microbial Technology*, 170 (2023), 110306.

5. Lengua. Los sabores de las plantas

Frydman-Marom, A., Levin, A., Farfara, D., *et al.*, «Orally administrated cinnamon extract reduces ß-amyloid oligomerization and corrects cognitive impairment in Alzheimer's disease animal models», *PLoS One*, 6 (1) (2011), e16564.

Galanty, A., Grudzińska, M., Paździora, W., *et al.*, «Do brassica vegetables affect thyroid function? A comprehensive systematic review», *International Journal of Molecular Sciences*, 25 (7) (2024), 3988.

Kort, D. H., y Lobo, R. A., «Preliminary evidence that cinnamon improves menstrual cyclicity in women with polycystic ovary syndrome: A randomized controlled trial», *American Journal of Obstetric Gynecology*, 211 (5) (2014), 487.e1-6.

Patel, S., y Navale, A., «The natural sweetener stevia: An updated review on its phytochemistry, health benefits, and anti-diabetic study», *Current Diabetes Reviews*, 20 (2) (2024), e01052321 6398.

Sadeghi, S., Davoodvandi, A., Pourhanifeh, M. H., *et al.*, «Anti-cancer effects of cinnamon: Insights into its apoptosis effects», *European Journal of Medicinal Chemistry*, 178 (2019), pp. 131-140.

Wertz, A. E., «How plants shape the mind», *Trends in Cognitive Sciences*, 23 (7) (2019), pp. 528-531.

Yu, T., Lu, K., Cao, X., *et al.*, «The effect of cinnamon on glycolipid metabolism: A dose-response meta-analysis of randomized controlled trials», *Nutrients*, 15 (13) (2023), 2983.

Zhou, Q., Lei, X., Fu, S., *et al.*, «Efficacy of cinnamon supplementation on glycolipid metabolism in T2DM diabetes: A meta-analysis and systematic review», *Frontiers in Physiology*, 13 (2022), 960580.

6. Corazón. Plantas que marcan el ritmo

Boned-Murillo, A., Díaz-Barreda, M. D., Bakkali-El Bakkali, I., *et al.*, «El mundo amarillo de Van Gogh», *Revista Española de Historia y Humanidades en Oftalmología*, 3 (2021), pp. 1-7.

Carlomagno, J., «Glucósidos cardiacos. Estudio químico», *Apuntes de Farmacognosia*, 5-6 (1934).

De Micheli Serra, A., y Pastelín Hernández, G., «Breve historia de la digital y los digitálicos. Homenaje a la memoria del ilustre maestro y académico Dr. Rafael Méndez Martínez, pionero de los estudios farmacológicos sobre la digital y los glucósidos digitálicos», *Gaceta Médica de México*, 151 (2015), pp. 660-665.

Garrote Valero, D., y Gargantilla Madera, A. B., «Van Gogh, ¿fascinación por el amarillo o xantopsia?», *Consejo General de Colegio de Ópticos-Optometristas*, 565 (2021), pp. 52-55.

Khatib, K., Dixit, S., y Telang, M., «Metabolic management of accidental intoxication», *Current Opinion in Clinical Nutrition and Metabolic Care*, 27 (2) (2024), pp. 147-154.

Kidambi, S., y Massad, M., «On Van Gogh and the foxglove plant», *Cardiology*, 127 (3) (2014), pp. 164-166.

Kourek, C., Briasoulis, A., Papamichail, A., *et al.*, «Beyond quadruple therapy and current therapeutic strategies in heart failure with reduced ejection fraction: Medical therapies with potential to become part of the therapeutic armamentarium», *International Journal of Molecular Sciences*, 25 (6) (2024), 3113.

MedlinePlus en español [internet]. Bethesda (MD): Biblioteca Nacional de Medicina (Estados Unidos), Intoxicación con adelfa, disponible en: <https://medlineplus.gov/spanish/ency/article/002884.htm>, [revisado: 11/02/2023; consulta 12/02/2024].

Quirós, P. R., «Stop adelfa, la planta que nunca debería estar en su jardín», *Diario Sur*, 12 de marzo de 2016, disponible en: <https://www.diariosur.es/sociedad/201603/11/stop-adelfa-planta-nunca-20160311083845.html>.

Sharvit, M., Klein, Z., Silber, M., *et al.*, «Intra-amniotic digoxin for feticide between 21 and 30 weeks of gestation: A prospective study», *BJOG: An International Journal of Obstetrics & Gynaecology*, 126 (7) (2019), pp. 885-889.

Somberg, J. C., «Van Gogh and Digitalis», *American Journal of Cardiology*, 136 (2020), pp. 164-165.

Teijeiro, A., Garrido, A., Ferre, A., *et al.*, «Inhibition of the IL-17A axis in adipocytes suppresses diet-induced obesity and metabolic disorders in mice», *Nature Metabolism*, 3 (4) (2021), pp. 496-512.

7. Venas y arterias. Plantas para que tu sangre fluya

Mohammadi, M., Ramezani-Jolfaie, N., Lorzadeh, E., *et al.*, «Hesperidin, a major flavonoid in orange juice, might not affect lipid profile and blood pressure: A systematic review and meta-analysis of randomized controlled clinical trials», *Phytotherapy Research*, 33 (3) (2019), pp. 534-545.

Rodrigues, C. V., y Pintado, M., «Hesperidin from orange peel as a promising skincare bioactive: An overview», *International Journal of Molecular Sciences*, 25 (3) (2024), 1890.

Shylaja, H., Viswanatha, G. L., Sunil, V., *et al.*, «Effect of hesperidin on blood pressure and lipid profile: A systematic review and meta-analysis of randomized controlled trials», *Phytotherapy Research*, 38 (5) (2024), pp. 2560-2571.

8. Genitales. Plantas que regulan el ciclo

Djerassi, C., *This man's pill: Reflections on the 50th birthday of the Pill*, Oxford University Press, 2001.

Drori, J., y Clerc, L., *La vuelta al mundo en ochenta plantas*, Editorial Blume, 2022.

González Hernando, I., «"Silfio", base de datos digital de iconografía medieval», Universidad Complutense de Madrid, 2023, disponible en: <https://www.ucm.es/bdiconografiamedieval/silfio>

Grescoe, T., «¿Vuelve el silfio? Cómo "resucitar" el condimento milagroso extinguido por el hombre», *National Geographic*, 26 de septiembre de 2022, disponible en: <https://www.nationalgeographic.es/historia/2022/09/silfio-resurreccion-condimento-milagroso-extinguido-hombre>.

King, C., *El banquete de los placeres*, Ediciones B, 2018.

Marks, L. V., *Sexual chemistry: A history of the contraceptive pill*, Diane Publishing Company, 2004.

9. Músculos. Plantas para (no) moverte

Bonnet, O., Beniddir, M. A., Champy, P., *et al.*, «Exploration by molecular networking of *Strychnos* alkaloids reveals the unexpected occurrence of strychnine in seven *Strychnos* species», *Toxicon*, 215 (2022), pp. 57-68.

Dewik, P. M., *Medicinal natural products. A biosynthetic approach*, Ed. Wiley, 2011.

Lee, M. R., «Curare: the South American arrow poison», *The Journal of the Royal College of Physicians of Edinburgh*, 35 (1) (febrero de 2005), pp. 83-92.

Philippe, G., Angenot, L., Tits, M., *et al.*, «About the toxicity of some *Strychnos* species and their alkaloids», *Toxicon*, 44 (4) (2004), pp. 405-416.

10. Piel. Plantas que no dejan huella

Kairey, L., Agnew, T., Bowles, E. J., *et al.*, «Efficacy and safety of *Melaleuca alternifolia* (tea tree) oil for human health-A systematic review of randomized controlled trials», *Frontiers in Pharmacology*, 24 (14) (2023), 1116077.

Nolan, V. C., Harrison, J., Wright, J. E. E., *et al.*, «Clinical significance of manuka and medical-grade honey for antibiotic-resistant infections: A systematic review», *Antibiotics*, 9 (11) (2020), 766.

Okon, E., Gaweł-Bęben, K., Jarzab, A., *et al.*, «Therapeutic potential of 1,8-dihydroanthraquinone derivatives for breast cancer», *International Journal of Molecular Sciences*, 24 (21) (2023), 15789.

Sreya, R., Nene, S., Pathade, V., *et al.*, «Emerging trends in combination strategies with phototherapy in advanced psoriasis management», *Inflammopharmacology*, 31 (4) (2023), pp. 1761-1778.

«The golden standard in manuca honey», *Unique Manuca Factor*, disponible en: https://www.umf.org.nz/unique-Manuka-factor.

Ushasree, M. V., Jia, Q., Do, S. G., *et al.*, «New opportunities and perspectives on biosynthesis and bioactivities of secondary metabolites from Aloe vera», *Biotechnology Advances*, 72 (2024), 108325.

Vieyra-Garcia, P. A., y Wolf, P., «A deep dive into UV-based phototherapy: Mechanisms of action and emerging molecular targets in inflammation and cancer», *Pharmacology & Therapeutics*, 222 (2021), 107784.

Yu, M., Kong, X. Y., Chen, T. T., *et al.*, «In vivo metabolism combined network pharmacology to identify anti-constipation constituents in *Aloe barbadensis* Mill», *Journal of Ethnopharmacology*, 319 (2024), 117200.

11. Nervios. Plantas que te alivian el dolor

Adetunji, T. L., Olawale, F., Olisah, C., *et al.*, «Capsaicin: A two-decade systematic review of global research output and recent advances against human cancer», *Frontiers in Oncology*, (12) (2022), 908487.

Álvarez, Y., y Farré, M., «Farmacología de los opioides», *Adicciones*, 17 (2) (2005), pp. 21-40.

Bimonte, S., Nocerino, D., Schiavo, D., *et al.*, «Cannabinoids for cancer-related pain management: An update on therapeutic applications and future perspectives», *Anticancer Research*, 44 (3) (2024), pp. 895-900.

Blebea, N. M., Pricopie, A. I., Vlad, R. A., *et al.*, «Phytocannabinoids: Exploring pharmacological profiles and their impact on therapeutical use», *International Journal of Molecular Sciences*, 25 (8) (2024), 4204.

Cao, B., Wei, X. C., Xu, X. R., *et al.*, «Seeing the unseen of the combination of two natural resins, frankincense and myrrh: Changes in chemical constituents and pharmacological activities», *Molecules*, 24 (17) (2019), 3076.

Chaturvedi, N., Singh, S. K., Shukla, A. K., *et al.*, «Latex-less opium poppy: Cause for less latex and reduced peduncle strength», *Physiologia Plantarum*, 150 (3) (2014), pp. 436-445.

Derry, S., Rice, A. S., Cole, P., *et al.*, «Topical capsaicin (high concentration) for chronic neuropathic pain in adults», *Cochrane Database of Systematic Reviews*, 1 (1) (2017), CD007393.

Dolara, P., Luceri, C., Ghelardini, C., *et al.*, «Analgesic effects of myrrh», *Nature*, 379 (1996), p. 29.

Fuster, D., Zuluaga, P., y Muga, R., «Substance use disorder: Epidemiology, medical consequences and treatment», *Medicina Clínica*, 162 (9) (2024), pp. 431-438.

Inyang, D., Saumtally, T., Nnadi, C. N., *et al.*, «A systematic review of the effects of capsaicin on alzheimer's disease», *International Journal of Molecular Sciences*, 24 (12) (2023), 10176.

Ma, L., Liu, M., Liu, C., *et al.*, «Research progress on the mechanism of the antitumor effects of cannabidiol», *Molecules*, 29 (9) (2024), 1943.

Organización Mundial de la Salud, *WHO Model list of essential medicines. 22nd list* (en inglés), 2021, disponible en: <https://iris.who.int/bitstream/handle/10665/345533/WHO-MHP-HPS-EML-2021.02-eng.pdf>.

Werz, O., Stettler, H., Theurer, C., *et al.*, «The 125th anniversary of aspirin-the story continues», *Pharmaceuticals*, 17 (4) (2024), 437.

Zaitchik, A., *Owning the sun: A people's history of monopoly medicine from aspirin to covid-19 vaccines*, Editorial Counterpoint LLC, 2022.

Zhang, W., Zhang, Q., Wang, L., *et al.*, «The effects of capsaicin intake on weight loss among overweight and obese subjects: A systematic review and meta-analysis of randomised controlled trials», *British Journal of Nutrition*, 130 (9) (2023), pp. 1645-1656.

12. Células. La lucha vegetal frente al cáncer

Fundación Española de Toxicología Clínica. Ministerio de Sanidad, *Plantas tóxicas. Informes, estudios e investigación*, 2022.

Instituto Nacional del Cáncer, *Extractos de muérdago*, disponible en: <https://www.cancer.gov/espanol/cancer/tratamiento/mca/pro/muerdago-pdq>.

Kitic, D., Miladinovic, B., Randjelovic, M., *et al.*, «Anticancer and chemopreventive potential of Morinda citrifolia L. bioactive compounds: A comprehensive update», *Phytotherapy Research*, 38 (4) (2024), pp. 1932-1950.

Nižnanský, Ľ., Osinová, D., Kuruc, R., *et al.*, «Natural taxanes: From plant composition to human pharmacology and toxicity», *International Journal of Molecular Sciences*, 23 (24) (2022), 15619.

Shukla, R., Singh, A., y Singh, K. K., «Vincristine-based nanoformulations: A preclinical and clinical studies overview», *Drug Delivery and Translational Research*, 14 (1) (2024), pp. 1-16.

Tabiasco, J., Pont, F., Fournié, J. J., *et al.*, «Mistletoe viscotoxins increase natural killer cell-mediated cytotoxicity», *European Journal of Biochemistry*, 269 (10) (2002), pp. 2591-2600.

Yared, J. A., y Tkaczuk, K. H., «Update on taxane development:

New analogs and new formulations», *Drug Design, Development and Therapy*, 6 (2012), pp. 371-384.

Zhang, Y. F., Huang, J., Zhang, W. X., *et al.*, «Tubulin degradation: Principles, agents, and applications», *Bioorganic Chemistry*, 139 (2023), 106684.